Dr. Ronald Lindner

300 Fragen zum Hundeverhalten

- Kompaktes Wissen von A bis Z
- Experten-Tipps aus der Praxis

Inhalt

Welpenzeit

Sozialverhalten

Inhalt

Angst und Aggression ?

Inhalt

Komfortverhalten

Erkunden – Spielen – Lernen

Inhalt

Fress- und Jagdverhalten ?

Problemverhalten ?

Inhalt

Anhang

Welpenzeit

Nie wieder wird so leicht gelernt wie in der Welpenzeit. Auf täglichen Entdeckungstouren in wechselnder Umgebung will neugierig die Welt erkundet werden. Deshalb Leinen los und auf in ein angstfreies Hundeleben.

1. Alter – Allein lassen: Kann ich den Welpen allein lassen, ohne es vorher geübt zu haben?

Nein, die Fähigkeit, längere Zeit getrennt vom Rudel zu sein, ohne Verlassenheitsängste zu entwickeln, ist obligat sozialen Tieren (→ Seite 248) wie Hunden nicht angeboren. Das gilt besonders für Welpen, die in den ersten Wochen die ungeteilte Beachtung ihrer Familie genießen. Sie entwickeln spätestens dann Trennungsängste, wenn sie plötzlich länger allein bleiben müssen. An die zeitweilige Trennung von der Familie müssen sie allmählich gewöhnt werden (→ Frage 15).

2. Alter – Entwicklung beeinflussen: Ab welchem Alter lassen sich die Entwicklung und das Verhalten der Welpen beeinflussen?

In den ersten beiden Wochen lernen die Welpen über Erfolg und Misserfolg. Es wird ein hormonelles Stress-Regel-System aufgebaut. Das bedeutet, dass milder Stress, wie der behutsame Kontakt mit menschlichen Händen, Gerüchen, Geräuschen oder Lichtimpulsen, bereits beim Welpen die Fähigkeit zur Problembewältigung fördert. Hat er keinerlei Kontakt mit Stressoren aus der Umwelt, kann es für ihn fatale Folgen haben. Lässt man den Welpen zum Beispiel die Zitzen nicht suchen, sondern legt ihn an, bilden sich oft bestimmte Nervenzellbestandteile langsamer und fehlerhaft, was eine gestörte Beweglichkeit der Welpen zur Folge hat. Auch eine gleich bleibende Umgebungstemperatur kann die Entwicklung der Thermoregulation stören.

3. Alter – Lernen: Ab welchem Alter kann ich meinem Welpen Übungen beibringen?

Nie wieder lernt ein Hund so leicht wie in den ersten 16 Lebenswochen! Auch lernt er die Umwelt nie mehr so einprägsam kennen wie in dieser Zeit. Der Grund dafür sind die sensiblen (»prägungsartigen«) Phasen in der Welpenzeit, in denen strukturelle Veränderungen im Gehirn ablaufen. Die positiven wie negativen Erfahrungen, die in jenem frühen Abschnitt gemacht werden, gelten als Leitfaden für das weitere Leben. Nicht selten glauben die Besitzer, dass sich der junge Hund erst an seine neue Umgebung gewöhnen muss, ehe sie mit dem Training einfacher Übungen beginnen können. Dies ist falsch. Erwiesenermaßen müssen sämtliche Kommandos, deren korrekte Ausführung wir vom Hund schon bald erwarten, einige Tausend Mal geübt werden, ehe sie perfekt abrufbar sind. Deshalb gilt es, so früh wie möglich damit zu beginnen. Da sich die Welpen anfangs nur kurz konzentrieren können, sollten die Übungen schrittweise und spielerisch aufgebaut werden und nur wenige Minuten andauern. Um eine stressfreie und motivierende Übungsatmosphäre zu schaffen, wird der Welpe für korrektes Arbeiten ausgiebig gelobt.

SOZIALISATION – PRÄGUNG

Den Vorgang der Sozialisation darf man nicht mit dem Begriff der Prägung verwechseln.

- **Sozialisation:** Sie findet zwischen der dritten und zwölften Lebenswoche statt. In dieser Zeit lernen Hunde die grundlegenden Regeln im Umgang mit ihren Sozialpartnern sowie der Kommunikation, um in Gruppen (Rudeln) Beziehungen aufzunehmen, Bindungen einzugehen und sich in die Struktur einer Gemeinschaft zu integrieren (Rangordnung). Auch gewöhnen sie sich an die belebte und unbelebte Umwelt (→ Info, Seite 26).
- **Prägung:** Sie beschreibt einen in früher sensibler Lebensphase erfolgenden Lernvorgang mit relativ stabilem (unumkehrbarem) Lernergebnis. Beim Hund lassen sich allenfalls prägungsähnliche Vorgänge innerhalb der Sozialisation beobachten, zum Beispiel die Prägung auf den Untergrund beim Harn- und Kotabsatz.

ENTWICKLUNGSPHASEN IN DER WELPENZEIT BIS ZUR 16. WOCHE

- **Vorgeburtliche (pränatale) Phase**
  Bereits vor der Geburt kann der Züchter seinen Welpen einen optimalen Start ins Leben gewähren, indem er für gesunde, angstfreie, sozial kompetente Elterntiere sorgt.

- **Neugeborenen-, vegetative oder neonatale Phase**
  Sie dauert von der Geburt bis zum 14. Lebenstag. In dieser Zeit reagieren die Welpen anfangs überwiegend reflexartig auf bestimmte Reize. Sie schlafen, saugen Milch, wachsen und scheiden Kot und Urin aus. Taub und blind geboren, zeigen sie über pendelnde Suchbewegungen mit dem Kopf, mit dem »Hilfeschrei« nach der Mutter und einem kreisförmigen Robben sowohl ein aktives Suchen nach der Zitze als auch einen unbedingten Willen, den Anschluss zur Gruppe nie zu verlieren. Das Kontaktliegen mit den Geschwistern und der Mutter trägt entscheidend zum Wohlbefinden bei. Die Welpen unterscheiden bereits warm und kalt, schmecken, fühlen (auch Schmerzen) und reagieren auf laute Geräusche, obgleich sie noch taub sind.

- **Übergangs- bzw. Konsolidierungsphase**
  Sie liegt in der dritten Lebenswoche und wird auch »Handlingsphase« genannt, weil die Welpen vielfältige positive Kontakte mit dem Menschen und den Artgenossen erhalten sollten, um so die Wahrnehmung der Umwelt über die Augen, das Gehör und die Nase zu stimulieren. Inzwischen sind Augen und Ohrkanäle offen, die Zähne brechen durch, die Bewegungsfolgen sind allmählich kontrolliert. Die Welpen verlassen selbstständig das Wurfnest und setzen Kot und Urin an bestimmten Orten ab. Während die Schlafphasen kürzer werden, sollten die Interaktionen untereinander sowie die Kontakte zu den Menschen an Intensität und Häufigkeit zunehmen. Sie zeigen bereits »Gesprächsformen« wie Knurren, Bellen oder Schwanzwedeln.

- **Sozialisations- und Habituationsphase**
  Sie dauert von der dritten bis zur 16. Lebenswoche. Die Hunde lernen die grundlegenden Regeln im Umgang mit ihren Sozialpartnern und der Kommunikation, um im Rudel Beziehungen aufzunehmen, Bindungen einzugehen und sich in die hierarchische Struktur einer Gemeinschaft zu integrieren (Rangordnung). Dabei gewöhnen sich die Welpen auch schrittweise an die Umwelt, in der sie später leben werden (→ Info, Seite 26).

4. **Alter – Übernahme: Wie alt sollte der Welpe sein, wenn ich ihn übernehme?** ?

Gemäß § 2 Abs. 4 der Tierschutz-Hundeverordnung darf ein Welpe erst ab einem Alter von acht Wochen an die Käufer abgegeben werden. Das ist in Ordnung, wenn der Welpe bereits beim Züchter auf das künftige Zusammenleben im Rudel »Familie« vorbereitet wird. Bereits ab der dritten Lebenswoche entwickeln sich neue Verhaltensweisen, zu deren normaler Ausgestaltung intensivste Kontakte mit Artgenossen und Menschen sowie ausreichende Umweltreize wichtig sind. Welpen, die nicht artgemäß und verhaltensgerecht gehalten werden, sollten bereits mit der fünften bis sechsten Lebenswoche ins menschliche Rudel »Familie« aufgenommen werden. Das wäre dann auch gemäß Tierschutz-Hundeverordnung abgesichert.

5. **Bauchmassage: Warum massiert die Hundemutter mit der Zunge den Bauch der Welpen?** ?

Welpen können in den ersten Lebenstagen noch nicht verlässlich selbst Kot und Harn absetzen. Die stimulierende Massage durch die Zunge der Mutter löst normalerweise die reflektorische Entleerung aus. Die Mutter leckt oder frisst die Exkremente der Welpen in dieser Phase. Ab einem Alter von zwei bis drei Wochen verlassen die Welpen dann ihr Nest, um sich zu lösen.

6. **Erkunden: Wie erkunden die Welpen ihre Umgebung?** ?

Die Neugeborenen reagieren zunächst ausschließlich durch reflexartige Reaktionen auf die Welt außerhalb des Mutterleibs (→ Tabelle links). Ab etwa der dritten Lebenswoche gehen sie immer neugieriger auf Entdeckungsreise auch außerhalb des Nestes. Auch über Nachahmung werden Welpen zu Entdeckungsreisen motiviert, wirkt doch ein Erkunden sozial anregend und stimmungsübertragend. Zunächst erforschen die Kleinen alles Neue, dabei haben sie weder Zeit noch Lust zu spielen. Erst wenn sie einen bestimmten Bereich der Umwelt als ungefährlich abgecheckt haben, regt er zum Spielen an. Wird der als sicher geltende Ort langweilig, vergrößern die Welpen ihr Territorium und erkunden die Umwelt weiter. Spiel und Erkundung konkurrieren auch im späteren Leben.

7. Erkunden – Angst vor Neuem: Ab wann entwickeln Welpen Angst?

Bis zur fünften Lebenswoche erkunden die Welpen ihre Umwelt zunehmend neugierig (→ Frage 6). Ab der achten Lebenswoche reagieren sie häufiger ängstlich auf neue Umweltreize, während die Neugier mehr und mehr in den Hintergrund tritt. Dies ist biologisch durchaus sinnvoll! Die Tiere wachsen bis zur fünften Lebenswoche in der Regel behütet im Rudel auf, ehe ihr Aktionsradius immer größer wird und mit dem Kennenlernen der Umwelt auch die Gefahren zunehmen. Dann kann Angst lebensrettend sein! Andererseits sollte den Welpen bereits frühzeitig ermöglicht werden, Strategien zur selbstständigen Krisenbewältigung zu finden. Erfahren Welpen in dieser Zeit ein gewisses Maß an mildem Stress (Eu-Stress, → Seite 83), können sie Angstbewältigungsstrategien entwickeln (→ Frage 129). So kann ein Welpe lernen, künftig mit Stress so umzugehen, dass er weder psychische noch physische Überlastungen oder Schäden erleidet.

8. Erziehung – Welpe und Katze: Wie bringe ich meinem Welpen bei, dass er sich mit unserer Katze verträgt?

Vergleicht man Mimik, Gestik und Körpersprache von Hunden und Katzen, so versteht man, dass Missver-

ständnisse in der Kommunikation vorprogrammiert sind (→ Frage 65). Zum Glück lässt sich die traditionelle Feindschaft zwischen Hund und Katze überwinden, wenn Sie beide miteinander vertraut machen. Dazu müssen Sie zunächst verhindern, dass sich der Welpe der Katze ungestüm nähert. Also sollten Sie ihn zu Beginn des Kennenlernens anleinen. Oder Sie locken ihn per Kommando in eine ruhige und inaktive Position (Liegen, Schlafen), in der die Katze den neuen Mitbewohner in Ruhe beobachten kann. Des Weiteren können Sie die Katze für den Hund positiv beladen, indem der Hund ein leckeres Futter erhält oder gestreichelt wird, sobald die Katze auftaucht – vorausgesetzt, er verhält sich ruhig. Die Katze muss sich frei bewegen können, um aus einer gewissen Entfernung den Hund zu betrachten. Ist der Hund unsicher oder jagt er die Katze, kann ein Maulkorb nötig sein!
Am besten kann man Hund und Katze miteinander vertraut machen, wenn beide noch Welpen sind.

9. Haltung – Trennungsangst vorbeugen: ?

Stimmt es, dass die Haltung bzw. Herkunft eines Welpen Einfluss darauf hat, ob der Welpe zu Trennungsangst neigt?

Es ist zwar derzeit noch nicht hinreichend wissenschaftlich bewiesen, aber es scheint einen Zusammenhang zwischen den Aufzuchtbedingungen und der späteren Neigung zu Trennungsängsten zu geben. Diejenigen Welpen, die nur selten, dafür aber über längere Zeit vom Muttertier isoliert wurden, entwickeln demnach im weiteren Leben häufiger Verlassenheitsängste als solche, die zwar häufiger und regelmäßig, jedoch nur kurz von der Mutterhündin getrennt wurden. Dies würde bedeuten, dass die Züchter durch gezieltes und tägliches kurzzeitiges Herausnehmen der Welpen aus dem Welpennest die Tiere bereits vor Abgabe in die menschliche Familie an diesen leichten Trennungsstress gewöhnen können.

LAUTÄUSSERUNGEN

Es gibt eine Reihe angeborener akustischer Signale, die von Geburt an weiter modifiziert und an die jeweiligen Lebensbedingungen angepasst werden. Das Repertoire der Laut-

- **Bellen:** Damit beginnen die Welpen bereits recht früh. Sie probieren es zunächst als klägliche Einzellaute bei unterschiedlich weit geöffnetem Fang und schleudern die Laute zunehmend stoßweise heraus. Gebellt wird bei Erregung, bei Freude, zur Begrüßung und im Spiel, aber auch zum Schutz und zur Verteidigung als Warn-, Droh- oder Angriffslaut. Wird etwa zu heftig gespielt bzw. grob und schmerzhaft gerangelt, wehrt sich das Opfer gegen den Übeltäter unter anderem durch atonales Spielbellen mit kurzen und schnellen Wiederholungen. Aus der Defensive heraus wird das Bellen zunehmend variabler, wobei einige Knurrlaute untergemischt sind, um Verteidigungswillen zu zeigen.

- **Mucken:** Mucklaute treten in den ersten drei Lebenswochen zu Beginn und am Ende leichter Stresssituationen auf, etwa beim Herumkrabbeln im Nest oder wenn die Welpen von der Mutterhündin beleckt werden.

- **Brummen:** Aus dem Mucken entwickelt sich später das Brummen. Welpen brummen sowohl bei sehr kurzen Störungen als auch in Zeiten des Wohlbehagens.

- **Murren:** Gemurrt wird, wenn die Welpen unter Stress stehen und ihnen etwas ganz gehörig nicht passt.

- **Fiepen:** Haben die Welpen bei hohem Stress keinen Erfolg über das Murren, so fiepen sie voller Unmut in den höchsten Tönen. Dabei äußern sie gedehnte Winsellaute bei geöffnetem Maul.

- **Heulen:** Das Fiepen kann sich auch zu einem lang gedehnten Heulen ausweiten, etwa wenn die Welpen isoliert sind (»Verlassenheitsschrei« oder »Loneliness-Cry«, → Seite 47) oder bei allgemeiner Aufregung.

DER WELPEN

äußerungen im entsprechenden Lebensabschnitt ist dabei unter anderem von der Rassezugehörigkeit abhängig, kann aber auch von Tier zu Tier stark variieren.

- **Schreien:** Das Fiepen können Welpen bis zu einem regelrechten Schreien steigern. Geschrien wird nicht nur bei Schmerzen oder vor Angst, sondern aus lauter Erregung beim Entdecken der Umgebung (besonders in der dritten Lebenswoche).
- **Plärren:** Wird das Unwohlsein stärker, können die Welpen statt schreien häufig auch plärren.
- **Winseln in hohen Tonlagen**: Welpen winseln in hohen Tonlagen, wenn sie verlassen werden, Angst oder Schmerzen empfinden, unruhig sind oder aktives Demutsverhalten zeigen. Auf Winseln im Welpennest reagiert das Muttertier sofort mit freundlichen Sozialkontakten.
- **Wuffen:** Dies ist ein gedämpftes Bellen bei geschlossener Schnauze. Es wird meist von verunsicherten und geängstigten Welpen bereits ab der zweiten Lebenswoche als Warn- und Drohlaut abgegeben.
- **Knurren:** Die kindlichen Murrlaute wandeln sich bereits in der Welpenzeit in Knurren als tiefkehlige Vibrationslaute um, wobei erst viel später das Gegenüber diese Laute als Verwarnung und Androhung von Gewalt versteht. Hunde knurren auch im Spiel oder während der Jagd vor lauter Erregung, dann aber mit geöffnetem Maul und höherer Tonlage.
- **Schnaufen:** Dies ist ein weiteres akustisches Warnsignal. So schnaufen einige Tiere, wenn die eigentliche Gefahr nur gerochen wird, aber noch nicht sichtbar ist.

10. Hundesprache lernen – Halter: Was muss ich als Halter beachten, damit mein Welpe die Hundesprache lernt?

Dazu muss der Welpe täglich Gelegenheit bekommen, andere Hunde ohne Leine zu treffen. Wichtig sind erwachsene Hunde, die hinreichend sozialisiert und im Umgang mit Welpen erfahren genug sind, um negative Schreckerlebnisse für den Kleinen zu vermeiden. Bekanntlich gibt es keinen Welpenschutz (→ Frage 38). Der Welpe sollte frühzeitig lernen, künftige Hundekontakte unabhängig vom Besitzer zu regeln. Auch sollten Sie während der Hund-Hund-Kontakte keinen Einfluss nehmen. Um dem Welpen das Erlernen der Hundesprache und der Beißhemmung mit Gleichaltrigen zu ermöglichen, empfiehlt sich auch der Besuch einer gut organisierten Welpenschule.

11. Hundesprache lernen – Welpe: Müssen Welpen die Hundesprache erst lernen?

Jede Sprache muss erlernt werden – auch die »Hundesprache«! Bereits im Wurfnest erlernen die Welpen mit den Geschwistern und der Mutter grundlegende Regeln im Umgang und in der Verständigung (Kommunikation) mit Artgenossen. Über ausreichenden Kontakt mit anderen Welpen gleichen Alters und vielen gut sozialisierten Hunden verschiedenster Größe, Rasse und aller Altersstufen lernen sie in sogenannten Sozialspielen die arteigene Mimik, Gestik und Lautsprache von anderen Hunden zu verstehen und entsprechend darauf zu antworten.

12. Isolation: Welche Folgen hat es, wenn ein Welpe isoliert vom Rudel aufwächst?

Die Isolation von Sozialpartnern (Mensch bzw. Artgenosse) sowie von der belebten und unbelebten Umwelt führt im Extremfall zu einer mangelhaften Entwicklung bzw. zu einer unumkehrbaren Schädigung des Gehirns und zu gestörtem Verhalten. Der Grund ist, dass solche Welpen zu wenig Reize und Zuwendung kennenlernen. Die Tiere zeigen in der Folge im Alltag vermehrt Ängste und Aggressionen, werden apathisch bis depressiv und sind unfähig, normale Sozialkontakte herzustellen. Charakteristisch für diesen Zustand ist eine geistige und körperliche Unterentwicklung der Tiere und eine damit im Zusammenhang stehende generalisierte Angst (→ Frage 236).

13. Isolation – Zwinger: Früher wurden Welpen häufig in einem Zwinger aufgezogen. Warum ist das nicht empfehlenswert? ?

Wachsen Hunde ohne Kontakt zu Sozialpartnern auf, bekommen sie keine Gelegenheit zu positiven Kontakten mit Artgenossen, Menschen und Reizen aus der belebten und unbelebten Umwelt. Dies ist aber notwendig für ein angst- und aggressionsfreies Leben (→ Frage 12). Deshalb ist eine isolierte Haltung, und sei es nur für wenige Stunden, abzulehnen! Selbst ein Garten sollte nur gemeinsam mit den Besitzern für das stressfreie Erlernen von Kommandos oder auch zum Spielen und Erkunden genutzt werden.

14. Konkurrenz am Gesäuge: Streiten sich die Welpen um die besten Plätze am Gesäuge der Mutterhündin? ?

Bereits Welpen streiten sich ums Futter. Sie legen Hierarchien fest, wer als Erster an welche Zitzenposition gelangen darf, wobei die besten, weil gut mit Milch versorgten Zitzen im hinteren schwanzwärts gerichteten Bereich liegen.
Aktuellen Forschungen zufolge gibt es einen Zusammenhang zwischen der in Anspruch genommenen

Zitzenposition und dem Körpergewicht bzw. der Fitness. Die ranghöheren und körperlich schwereren Tiere besetzen mit Vorliebe die besten Positionen, während die schwächeren Welpen gezwungen sind, an den vorderen, weniger ergiebigen Zitzen zu saugen.

15. Lernen – Alleinbleiben: Mein Welpe will nicht allein bleiben. Wie gehe ich vor, dass er dies lernt?

Welpen werden in der Regel mehr oder weniger abrupt von den Geschwistern, der Mutterhündin und den bisherigen Bezugspersonen getrennt und in einen neuen Familienverband integriert. Müssen sie dann von Beginn an getrennt von den neuen Rudelmitgliedern schlafen, empfinden sie dies als Schock. Wenn hingegen der Welpe in den ersten Tagen und Nächten permanent in der Nähe der neuen Sozialpartner sein kann, ist ein Umstellungstrauma oft zu vermeiden. Damit der Welpe im späteren Leben bei Abwesenheit der Sozialpartner keinen Trennungsstress erleidet, sollten Sie nach einer kurzen Eingewöhnungsphase von einigen Tagen hin und wieder zunächst innerhalb der Wohnung mal die Tür schließen, das Zimmer bzw. das Haus für wenige Augenblicke verlassen (Müll rausbringen etc.) und diese Abwesenheiten schrittweise verlängern. Verzichten Sie dabei sowohl auf Begrüßungs- und Verabschiedungszeremonien. Bis der Welpe gelernt hat, stressfrei allein bleiben zu können, müssen Sie vorübergehend für eine Betreuung sorgen.

Durch kleine Rangeleien mit Gleichaltrigen üben die Welpen täglich das Lesen und Zeigen der Hundesprache.

Wenn zudem auf seinem Platz noch etwas Interessantes zum Spielen, Kauen, Zerreißen (alte Zeitungen) und Futtersuchen (Futterwürfel) liegt, lernt der Welpe schnell: Alleinbleiben ist nicht (so) schlimm!
Wichtig bei allen Maßnahmen ist, dass der Hund keine Anzeichen von Angst, Unruhe oder Stress zeigt.

16. Lernen – Beißhemmung: **Mein Welpe beißt mich immer wieder beim Spielen. Wie lernt er, seine Zähne dosiert einzusetzen?** ?

Die Beißhemmung ist keineswegs angeboren, sondern muss gelernt werden! Verhält sich ein Welpen einem Spielkameraden gegenüber zu wild und ungestüm, indem er ihm heftig ins Ohr beißt, so schreit dieser laut auf und rennt weg. Ebenso sollten Sie reagieren. Wenn Ihr renitenter Welpe im Spiel seine Zähne einsetzt, schreien Sie auf, ignorieren ihn und verlassen ruhigen Schrittes das Zimmer. Dabei dürfen Sie weder vor dem Welpen wegrennen und ihn so ungewollt zum Nachjagen animieren, noch die Hand oder das Kleidungsstück schnell wegziehen, weil dies zum Nachschnappen reizt. Der Welpe lernt in beiden Fällen, dass weder Hund noch Mensch seine groben Spiele mögen.

17. Lernen – Frustration: **Wieso müssen Welpen lernen, dass sie nicht immer alles und sofort bekommen?** ?

Individuen sollten in der Lage sein, Enttäuschungen zu kompensieren und Bedürfnisse aufzuschieben, ohne dabei in Aggression, Ängste oder Depression zu verfallen. Diese Fähigkeit (Frustrationstoleranz, → Seite 246) können und sollten Sie beim heranwachsenden Welpen durch erzieherische Maßnahmen stärken, indem Sie ihm eine wichtige Ressource (Futter) eine gewisse Zeit vorenthalten und genau dann anbieten, wenn er ein erwünschtes Alternativverhalten (zum

Beispiel »Sitz«) zeigt. Dies ist wichtig für die Persönlichkeitsentwicklung eines jeden Hunds, um sein Selbstvertrauen auch in Situationen des Nichterreichens von Zielen bzw. bei Misserfolgen zu stärken. Erste Erfahrungen machen die Welpen beim Abstillen durch die Mutterhündin.

18. Lernen – Gewöhnung an die Umwelt: Weshalb soll man den Welpen schon früh an verschiedene Reize gewöhnen?

?

Das Gehirn entwickelt nicht automatisch die Fähigkeit, Reize entsprechend aufzunehmen und zu verarbeiten. Man muss es sich als »leere Landkarte« vorstellen, die erst beschrieben werden muss. Dies gelingt besonders leicht in den ersten Lebenswochen. Verpasst man diese Entwicklungsphase, so wird eine optimale Reifung des Gehirns über umfangreiche Wachstums- und Differenzierungsprozesse verzögert bzw. verhindert. Je mehr Umweltreize der Welpe in dieser Phase erfahren kann, desto effektiver erfolgt die Vernetzung der Gehirnzellen. Dadurch können Umweltreize besser und effektiver über verschiedenste Verhaltensstrategien bewältigt werden. Überfordern Sie den Welpen aber nicht mit zu vielen Reizen (→ Frage 21).

INFO

Belebte und unbelebte Umwelt

Besonders wichtig ist während der Sozialisierung die Gewöhnung an die belebte und unbelebte Umwelt (Habituation).

- **Belebte Umwelt:** Dazu zählen Menschen, Artgenossen, andere Tierarten.
- **Unbelebte Umwelt:** Darunter versteht man Geräusche des Alltags, Straßenverkehr, Gerüche, unterschiedliche Bodenstrukturen, Bauwerke, Treppen, Gegenstände oder unterschiedliche Landschaften und Auslaufgelände.

19. Lernen – Gewöhnung an Menschen: Ich möchte, dass mein Welpe keine Angst vor anderen Menschen hat. Wie kann ich diese Entwicklung fördern? ?

Bereits im Wurfnest sollte der Welpe schrittweise positive Sozialkontakte mit den unterschiedlichsten Menschen bekommen. Dabei können die Interaktionen wie sorgsame Berührungen und Ähnliches in der weiteren Entwicklung an Intensität und Häufigkeit zunehmen. Anders als beim Kontakt mit Artgenossen müssen die Welpen beim Menschen Mimik, Gestik und Lautäußerungen erst verstehen lernen, um entsprechend darauf antworten zu können. Hierbei sollten entweder Sie oder die Person selbst den Welpen für nicht ängstliches Verhalten mit Futter, verbalem Lob oder Streicheleinheiten belohnen. Besonders wichtig ist es, dass der Welpe selbstständig Kontakt zu fremden Menschen aufnimmt.
Allerdings dürfen Sie den Welpen nicht überfordern. Ermöglichen Sie ihm deshalb regelmäßig Erholungsphasen (Mitnahme der Decke oder des Körbchens).

20. Lernen – Stubenreinheit: Wie kann man die Stubenreinheit beim Welpen fördern? ?

Mit dem gezielten Verlassen des Wurfnestes zum »Toilettengang« ab der dritten Lebenswoche beginnt bereits die sogenannte Prägung auf den Untergrund. Dabei lernt der Welpe, ein bestimmtes Material zu bevorzugen. Hier können bereits die Züchter wichtige Grundlagen für die künftige Stubenreinheit schaffen, indem sie den Welpen nicht auf den Asphalt der Straße oder die Zeitung im Zimmer, sondern häufig auf Wiese bzw. Gras Kot und Urin absetzen lassen. Werden die Kleinen an der erlaubten Stelle gelobt, nachdem sie sich gelöst haben, erhalten sie erste Informationen über passende Toilettenorte. Grundsätze des Sauberkeitstrainings lesen Sie auf Seite 28.

GRUNDSÄTZE DES SAUBERKEITSTRAININGS

Kein Hund beschmutzt gern sein Revier. Dennoch gilt es einiges zu beachten, dass ein Welpe stubenrein wird.

Die Stubenreinheit beibringen:
Tragen Sie den Welpen

- zum richtigen Zeitpunkt (= anfangs alle halbe bis ganze Stunde, bei beginnender Unruhe, jedes Mal nach der Fütterung, nach dem Trinken, morgens nach dem Aufstehen, nach jedem Schlafen, nach dem Spielen, sobald er mit tiefer Nase am Boden sucht)
- an den richtigen Ort (= ruhige, nicht von anderen Hunden stark frequentierte Freifläche) – eventuell zu Beginn häufig in Park, Grünanlage, Wald mit erwünschtem Untergrund (Wiese, Gras, Erde, Sträucher etc.). Wenn möglich, wählen Sie immer denselben Ort. Schränken Sie evtl. zeitweise und vorübergehend seinen Aktionskreis mittels Laufgitter innerhalb der Wohnung ein, damit er sich melden muss.

Loben Sie ihn überschwänglich nach einem erfolgreichen »Toilettengang«, das heißt, sobald der Welpe die gewünschte Stelle nutzt. Das Trainieren eines »Lösungswortes« kann, während der Welpe Kot bzw. Urin absetzt, bei ausreichend häufiger Wiederholung zu einer positiven Konditionierung (der Hund setzt zum Beispiel auf ein Kommandowort hin Urin ab) und zum Phänomen »Lernen am Erfolg« (»... wenn ich auf dem Rasen meine Pfütze mache, werde ich belohnt, das ist toll ...«) führen.

Wenn ein Malheur passiert:

- Keine Strafanwendung und das Malheur kommentarlos entfernen!
- Beseitigung aller Gerüche mit Essig oder Zitronensäure bzw. mit medizinischem Alkohol, um Markierungseffekte zu verhindern. Verwenden Sie keine Deodorants (sie veranlassen den Hund zum neuerlichen Markieren) und keine ammoniakhaltigen Reinigungsmittel!

21. Reizüberflutung: Kann ich den Welpen überfordern, wenn ich ihn mit zu vielen Reizen konfrontiere? ?

Nein, insbesondere dann nicht, wenn Sie das Kennenlernen und Vertrautmachen mit der belebten und unbelebten Umwelt (→ Info, Seite 26) schrittweise ermöglichen. Welpen, die frühzeitig vielfältige Reizsituationen erleben können, ohne übermäßig überfordert zu werden, sind als erwachsene Tiere oft selbstsicherer und frei von Ängsten. Vermeidet man schädlichen Dauerstress und führt den Welpen an sämtliche Alltagsdinge allmählich und schrittweise heran, wird er nicht überfordert.

22. Spielen: Was muss ich beachten, wenn ich mit meinem Welpen spiele? ?

Hunde spielen von Geburt an gern, es kann als Ausdruck von Wohlbefinden interpretiert werden. Im Spiel lernen Welpen über Erfolg und Misserfolg ihres Handelns, was sich lohnt oder nicht. Auch Anspringen und Beißen sind anfangs spielerisch gezeigte Verhaltensweisen, die Sie so früh wie möglich abstellen müssen, damit der Hund später ein unkomplizierter Begleiter in der Öffentlichkeit ist. Unumgänglich ist natürlich, dass der Hund seinen Besitzer als »Chef« akzeptiert (Einhaltung der »Hausordnung«), damit dieser den Hund zur »Arbeit« und zum Spiel animieren und motivieren kann.
Nur ein eingespieltes Besitzer-Hund-Team ohne Ängste auf beiden Seiten kann auf Dauer erfolgreich arbeiten. Dies setzt einen generellen Verzicht auf negative Strafmaßnahmen voraus (→ Frage 193). Das Repertoire an Spielen reicht von Futtersuch- und -erarbeitungsspielen, Partner- und Geschicklichkeitsspielen im Garten und Gelände über Apportierspiele und »Intelligenztests« bis zu Kommandospielen. Wichtige Spielregeln lesen Sie in der Tabelle Seite 30/31.

SPIELREGELN FÜR

Wichtige Regeln:

- **Sie bestimmen das Spiel:** Sie bestimmen, wann und womit gespielt wird. Außerdem beginnen und beenden Sie immer das Spiel! Dabei verwalten Sie das Spielzeug und ziehen es nach Spielende ein.
- **Aufhören, wenn es am schönsten ist:** Vermeiden Sie das abrupte Beenden der Spiele, um den Hund nicht zu frustrieren oder bei hohem Erregungslevel »kalt« abzuservieren. Ideal ist die Beendigung des Spiels in der Kombination mit einem verbalen Lob, Leckerli oder einer Streicheleinheit. Allerdings sollte es bei ausreichendem Training und entsprechendem sozialem Statusgefüge selbst bei abruptem Ende seitens des Besitzers zu keinerlei Frustrationsreaktion durch den Hund kommen.
- **Spielzeit:** Wählen Sie die Spielzeiten so, dass sie nicht innerhalb der letzten halben Stunde vor Ihrem Weggang (Gefahr der Angst vor dem Alleinsein), nicht unmittelbar nach der Fütterung (Gefahr des Erbrechens oder einer lebensbedrohlichen Magendrehung) und nicht über die Mittagszeit im Sommer (Gefahr des Hitzschlags) stattfinden.
- **Spielpausen:** Halten Sie Spielpausen ein und überfordern Sie Ihren Hund nicht! Gerade beim Erlernen neuer Kommandos ist eine maximale Trainingszeit von drei mal zehn Minuten am Tag ideal.
- **Geeignetes Spielzeug:** Verwenden Sie ungefährliche Gegenstände, die beim Hund nicht zu Verletzungen führen können. Splitternde, unverdauliche und giftige Apportiergegenstände sind tabu. Auch bestimmte Hölzer können giftig sein, etwa Holunder-, Eiben- oder Goldregenholz!
- **Jeder Hund ist anders:** Achten Sie bei der Auswahl der Spiele auf die rassetypische Veranlagung, auf die individuellen Fähigkeiten sowie auf das Alter Ihres Hunds!
- **Geeignete Spielorte:** Spiel und Örtlichkeiten sollten miteinander harmonieren. So sind Renn- und Jagdspiele auf Rasen im Garten besser geeignet als auf rutschigem Parkett oder Laminat im Wohnzimmer (Gefahr von Verletzungen).
- **Hier hört der Spaß auf:** Menschliche Körperteile sind tabu! Sollte der Hund in Hände, Füße, Kleidung oder Schuhe

MENSCH UND HUND

beißen, so schreien Sie laut auf, verlassen das Tier und beenden somit abrupt das Spiel. Der Hund lernt so auf einfache Weise, dass es sich nicht lohnt, wenn er zu grob mit Menschen spielt, da dann der Spaß urplötzlich endet.

Richtiger Spielaufbau:

➤ Besonders wichtig ist der Aufbau eines Abbruch- bzw. Ausgebesignals, um sich die »Spielbeute« gezielt ausgeben zu lassen und ein Spiel kontrolliert abzubrechen. Bauen Sie dafür ein Bringspiel auf, indem Sie in die laufende Bewegung des Hunds zu Ihnen das Wort »Bring's« nennen. Danach wird das Ausgebesignal »Aus« konditioniert, indem Sie dem Hund ein Tauschobjekt oder Futter vor die Nase halten. Sobald dieser seinen Fang öffnet, sprechen Sie das Wort »Aus«, und der Hund erhält das andere Spielzeug oder Futter im Tausch. Danach können Sie ihm, wenn es kein für Sie wichtiger Gegenstand ist, das Spielzeug wieder mit »Nimm's« überlassen. Bei Spielende, bei wertvollen oder gefährlichen Dingen ziehen Sie das Bringsel ein.

Bitte beachten:

➤ Wenn Sie nicht möchten, dass Ihr Hund Ihnen regelmäßig Schuhe oder Kleidung zerbeißt, dann entfernen Sie diese Dinge aus seinem Einzugsbereich. Auch einen bereits ramponierten Schuh dürfen Sie dem Vierbeiner nicht als »Opfer« überlassen. Er lernt das Falsche – nämlich, dass Schuhe nicht generell tabu sind!

➤ Kinderspielzeug und Hundespielzeug muss stets getrennt werden, um potenzielle Krisenherde zu vermeiden.

23. Spielen – Welpe und älterer Hund: Soll mein Welpe mit älteren Hunden spielen? ?

Ja, denn vor allem von erwachsenen Hunden können und müssen Welpen die Hundesprache lernen. Besonders wichtig ist das Lernen von Rücksichtnahme und das Lesen von momentanen Stimmungen des Gegenübers. Übersieht oder ignoriert ein spielverrückter Welpe die widerwilligen Signale des älteren Artgenossen, so wird er von ihm »erzieherisch« gemaßregelt. Hierbei steht die Kommunikationsfähigkeit des Kleinen auf dem Prüfstand. Reagiert er mit ruhigem und unterwürfigem Verhalten, wird sich der sozialisierte Althund mit vorhandener Beißhemmung damit zufriedengeben. Will sich der Welpe der »Standpauke« des Älteren entziehen, kann es zu einer neuerlichen und heftigeren Verwarnung kommen. Dieser kann der Welpe nur entgehen, wenn er noch deutlichere Zeichen der Beschwichtigung setzt.
Verlieren Sie indes die Nerven und rennen zum um Hilfe schreienden Welpen und trösten ihn, so belohnen Sie ihn für nicht artgemäßes Reagieren und Opponieren gegenüber älteren Artgenossen. Das kann sich als tödlicher Fehler erweisen, wenn der Welpe später mal auf einen unsozialisierten Althund mit nicht vorhandener Beißhemmung trifft.
Natürlich sollten die Welpen aus den Hundebegegnungen überwiegend positive Erfahrungen sammeln. Deshalb sollten Sie vor einer Kontaktaufnahme den Besitzer des Althunds fragen, wie sein Vierbeiner Welpen gegenüber reagiert (→ Info rechts).

24. Spielen – Welpe und Welpe: Ist das Spiel mit anderen Welpen für den Welpen wichtig? ?

Nicht nur der Kontakt zu älteren Artgenossen ist wichtig für die Entwicklung des Welpen, sondern ebenso die zahlreichen Begegnungen mit anderen Welpen. Gut geeignet dafür sind professionell geführte

Welpenspielgruppen, bei denen die Welpen nicht nur »spielen« dürfen, sondern auch den Haltern Wissenswertes über Hundeverhalten und -erziehung vermittelt wird. Vertreter aller Rassen sollten daran teilnehmen können, die jünger als 16 (20) Wochen alt sind. Neben dem möglichst störungsfreien gegenseitigen Kennenlernen und Üben der Hundesprache, mit Erlernen von Umgangsformen, Beißhemmung etc., werden die Welpen idealerweise mit vielen künftigen Alltagsreizen schrittweise konfrontiert, ohne die Tiere zu überlasten. Pausen zwischen den Übungseinheiten sind dabei essenziell. Die Interaktionen zwischen den Tieren, auch heftige Auseinandersetzungen, sollten nicht unterbrochen werden, es sei denn, es handelt sich um Mobbing (→ Frage 29).

25. Verhalten – Angeborenes Verhalten: Warum ist es sinnvoll, dass die ersten Verhaltensweisen der Welpen angeboren sind?

?

Angeborenes Verhalten sichert zunächst das Überleben der Welpen in den ersten Lebenstagen. Fatal wäre es, müssten die Welpen den Saug- oder Lidschlussreflex bzw. das Winseln bei Unwohlsein (»Di-Stress-Schrei«) erst lernen. Die Mutterhündin zeigt ebenso

INFO

Welpe – erwachsener Hund

➤ Ignoriert der Althund unterwürfiges Verhalten des Welpen, so sollte der Kontakt zum Welpen unterbrochen werden, sobald er zu seinem Besitzer schaut.

➤ Der Althund sollte aber auch nicht zu geduldig sein und jede Frechheit des Welpen tolerieren. Dieser lernt sonst weder Respekt noch Grenzen und begreift Artgenossen als »Sparringspartner« für Stressabbau. Solche Welpen entwickeln sich häufig im späteren Leben zu wilden Raufern und Schlägern!

angeborenes Verhalten, indem sie auf die »Hilferufe« und die Leckstimulation (Schnauzenstoß und Pföteln) artgemäß reagiert.
Jeder Organismus tritt jedoch bereits vom Zeitpunkt der Geburt an zunehmend in Wechselwirkung mit der Umwelt, wobei sein Verhalten von dieser lebenslang beeinflusst und gewandelt wird.

26. Verhalten – Anspringen: Mein Welpe springt mich immer an. Warum tut er das? ?

Das Anspringen ist Hunden angeboren, wobei sie dies in verschiedenen Situationen aus ganz unterschiedlichen Beweggründen machen. Der eigentliche Sinn des Hochspringens ist ein Betteln nach Futter beim Muttertier. Sobald die Welpen abgestillt sind, benötigen sie feste Nahrung, die sie durch Stoßen mit den Pfoten und der Zunge nach der mütterlichen Schnauze prompt bekommen, indem das Muttertier das halb verdaute Futter im Welpennest hervorwürgt. Damit ist das Anspringen in diesem Zusammenhang nicht nur normal, sondern überlebenswichtig! Später dient Anspringen bei Welpen und Junghunden eher als eine Art Begrüßungsritual unter Sozialpartnern, wobei der Rangniedere versucht, dem Ranghöheren die Lefzen bzw. Mundwinkel zu lecken. Diese Beschwichtigungsgeste setzen Hunde nicht nur innerhalb des eigenen Rudels ein, sondern auch bei der Begrüßung Fremder oder als Entschuldigung für etwaige Vergehen, um die Sozialpartner milde und freundlich zu stimmen.

27. Verhalten – Beschwichtigung: Welche taktilen Verhaltensweisen von Welpen dienen im späteren Leben als Beschwichtigungssignale? ?

Auch erwachsene Hunde zeigen Menschen und ihren Artgenossen gegenüber gern »kindlich-taktiles« Verhalten aus der Welpenzeit. Allerdings hat sich deren

Bedeutung stark abgewandelt. Zumeist dienen sie der Beschwichtigung in »Krisenzeiten«. Als Klassiker dieser Beschwichtigungsgesten kann das »Pföteln« bezeichnet werden. Es wird auch besonders gegenüber uns Menschen eingesetzt (→ Tabelle unten).
Wir nehmen die uns entgegengestreckte Pfote in der Regel freudig, weil auch unser Händeschütteln eine freundliche Beschwichtigungsgeste darstellt. Ursprünglich diente das Greifen mit den Händen bzw. Pfoten dem Nahrungserwerb, egal ob bei Menschen oder Tieren. Dies ist aber auch gleichzeitig die einzige Gemeinsamkeit dieser Gestik. Während sich Menschen täglich vielfach auf diese Art begrüßen, kann

VERÄNDERUNG DES WELPENVERHALTENS MIT ZUNEHMENDEM ALTER

Einige Verhaltensweisen der Welpen zeigen auch noch Hunde im Erwachsenenalter. Dann hat sich allerdings die Bedeutung des Verhaltens oft geändert.

VERHALTENSWEISE	BEDEUTUNG IM WELPENALTER	BEDEUTUNG IM ERWACHSENENALTER
Pföteln (= Heben der Pfote)	Milchtritt, um den Milchfluss anzuregen	➤ Teil der freundlich-aktiven Demut/Unterwerfung ➤ Beschwichtigungssignal, um Streitgespräche zu beenden ➤ Aufmerksamkeit erheischendes Signal ➤ Allgemeiner Wille zum Frieden
Lecken im Gesichtsbereich	Suchen nach der Zitze	→ oben
Stoßen mit der Schnauze	Signal an die Mutter, Futter hochzuwürgen	→ oben

das Pföteln bei Hunden neben Kontaktwillen auch empfundene Angst oder Demut ausdrücken. Letzteres kann zu Missverständnissen in der Hund-Mensch-Kommunikation führen!

28. **Verhalten – Kontaktliegen: Anfangs lagen die Welpen dicht beieinander. Seit sie etwas älter sind, liegen sie allein. Warum ist das so?**

?

In den ersten Lebenstagen liegen, dösen und schlafen die noch blinden und tauben Welpen sehr viel. Dabei können sie seitlich auf einer Körperseite ausgestreckt oder zusammengerollt, später dann auch auf dem Bauch oder Rücken liegen. Die einzelnen Liegepositionen sind dabei abhängig vom Stadium der selbstständigen Thermoregulation und von der Umgebungstemperatur. Besonders in den ersten Stunden und Tagen funktioniert der körpereigene Wärmehaushalt noch nicht hinreichend. In dieser Zeit liegen die Welpen deshalb in der Nähe der Mutterhündin aneinander oder übereinander und bleiben nahezu ständig miteinander im Körperkontakt. Sobald die Kleinen ihre Körpertemperatur selbstständig regulieren können, halten sie zunehmend einen gewissen Abstand zur Mutterhündin und den Geschwistern.

INFO

Mobbing

»Mobbing« ist eine besondere Form des Jagdverhaltens, wobei kleine und meist in der Gruppe rangniedere Hunde von Artgenossen regelmäßig gejagt werden, so als wären sie Beute. Zur Abgrenzung gegenüber umgerichtetem Jagdverhalten (→ Info, Seite 204) beginnt ein mobbender Hund die Bewegungsfreiheit des anderen einzuschränken, um ihn nach kurzer Anschleichphase zu hetzen, und zwar unabhängig davon, ob dieser auf ihn zugeht oder vorschnell flieht!

29. Verhalten – Mobbing: Gibt es unter Welpen schon »Mobbing«?

Die Annahme, dass Welpen ihre Streitereien untereinander immer selbstständig klären können, stimmt nicht generell. Wenn ein Welpe von den übrigen der Welpenspielgruppe als »Prügelknabe« auserkoren und sehr intensiv »bespielt« oder gejagt wird, kann er seinen zweifellos empfundenen Stress nicht kompensieren. Durch Flucht würde er zusätzlich ein umgerichtetes Jagdverhalten der Meute auslösen. Allerdings hätte er als Gemobbter auch keinen Erfolg mit normaler Kommunikation. Die Folgen für alle Welpen wären fatal! Der gemobbte Welpe würde in Zukunft zu einem unsozialisierten, weil ängstlich-aggressiven Hund gegenüber Artgenossen heranwachsen. Die Vertreter der jagenden Meute entwickeln sich unter Umständen zu gestörten Hunden, die Artgenossen ohne Kommunikation jagen, was tödlich enden kann. Wie Sie bei Mobbing richtig reagieren, lesen Sie bei Frage 261.

30. Verhalten – Nachlaufen: Mein Welpe läuft mir ständig nach. Warum tut er das?

Welpen haben natürlicherweise in den ersten Wochen eine enge Bindung an die Mutterhündin, weil sie ihnen Nahrung, Wärme und Schutz bietet. Mit der Zeit funktioniert ihr eigener Wärmehaushalt, sie können selbstständig Kot und Harn außerhalb der Wurfkiste absetzen und sich kontrolliert bewegen. Besonders in der Zeit nach dem Abstillen wird die Bindung zwischen Hündin und Welpen immer lockerer. Dennoch bleibt die Bindungsfähigkeit an die Sozialpartner erhalten. Je früher ein Welpe nach dem Abstillen in den Sozialverband »Familie« übernommen wird, desto enger ist die Bindung an die neuen Rudelmitglieder. Die jungen Hunde beobachten die Besitzer nahezu die gesamte Zeit und folgen ihnen in sehr früher Phase zunächst prägungsartig auf Schritt und Tritt. Neugier,

Schutz, Sozialverhalten oder Gruppendynamik sind einige der Ursachen.

31. **Verhalten – Nicht apportieren: Wenn ich einen Ball werfe, läuft mein Welpe zwar hin, er bringt ihn aber nicht zurück. Warum macht er das?**

Das Apportieren von Gegenständen stellt eine Verhaltenskette dar, in der mehrere Einzelelemente in einer bestimmten Reihenfolge verkettet sind (→ Seite 249). Die einzelnen Elemente sind Beziehung zum Apportiergegenstand herstellen, Aufnehmen, Halten, Tragen, Bringen und Ausgeben des Gegenstands. Wenn ein Hund lediglich Interesse am Ball zeigt und ihm nachläuft, ist er noch weit davon entfernt, diesen auch zurückzubringen. Denn jedes dieser Elemente muss dem Hund beigebracht werden.

32. **Verhalten – Nuckeln: Mein Welpe nuckelt an seiner Hundedecke. Warum tut er das?**

In den ersten Lebenswochen fressen und trinken Welpen, indem sie reflektorisch an den Zitzen der Mutter Milch saugen. Nachdem sie so ihren Hunger gestillt haben, fühlen sie sich wohl. Auch die Schmatzgeräusche der saugenden Geschwister im kuscheligen Welpennest wirken extrem beruhigend. So

INFO

Richtig reagieren bei Nuckeln

Das Nuckeln an der Decke ist als gelungene Stresskompensation so lange tolerierbar, bis der Hund altersentsprechend und entwicklungsspezifisch geeignetere Methoden findet. Allerdings sollten Sie dieses Verhalten nicht durch Loben oder Beachten des Hunds verstärken, damit es sich nicht als eine Stereotypie verselbstständigt.

verbinden Welpen bereits in den ersten Lebenstagen das Saugen und Schmatzen nicht nur mit einer angenehmen und lebenswichtigen Befriedigung, den Hunger gestillt zu haben, sondern auch mit dem guten Gefühl der Wärme und Geborgenheit sowie einer entspannten Situation.
Welpen, die später an Decken oder an sich selbst saugen, sind nicht, wie häufig behauptet wird, in jedem Fall zu früh vom Muttertier getrennt bzw. abgesetzt worden. Vielmehr zeigen sie dieses sogenannte »Fehlverhalten«, um möglicherweise Stress abzubauen. In Situationen, in denen allgemein eine eher negative Stimmung herrscht, kann das Saugen und Nuckeln Wohlbefinden hervorrufen. So nuckeln sich Welpen und Junghunde häufig in den Schlaf, um den Stress des Tages zu verarbeiten. Auch gibt es Hunde, die dieses Welpenverhalten als Erwachsene (noch) zeigen.

33. Verhalten – Pföteln: **Warum »pföteln« die Welpen?** ?

»Pföteln« wird der Tritt mit den Vorderpfoten gegen die Milchleiste der Mutter genannt. Dieser sogenannte »Milchtritt« dient wie der Schnauzenstoß der Auslösung des Milchflusses. Beide Verhaltensweisen zählen zusammen mit dem Lecken zum »Bettelverhalten« gegenüber der Mutterhündin.

34. Verhalten – Rückwärts gehen: **Warum bewegt sich mein Welpe rückwärts?** ?

Sobald die Welpen einigermaßen sicher gehen sowie im Trab und Galopp laufen können, kann man hin und wieder beobachten, dass sie auch rückwärts gehen. Dadurch zeigt ein Welpe in früher Lebensphase, dass er Angst vor bestimmten Umweltreizen oder im Spiel hat. Vorsichtig, das ihn ängstigende Objekt im Auge, macht sich der Welpe so aus dem Staub.

35. Verhalten – Schwimmen: Können alle Welpen von Geburt an schwimmen?

Ja, alle Hunde können von Geburt an schwimmen. Dabei bewegen sie im Wasser instinktiv ihre Gliedmaßen mit arttypischen Paddelbewegungen. Oftmals sind sie in ihren Schwimmbewegungen im Vergleich zum Menschen schneller und effektiver. Einige Hunde sind förmlich süchtig nach Wasser und suchen jedes Gewässer zum Baden auf.

36. Verhalten – Spielen: Warum spielen alle Welpen gern?

Spielen ist sowohl angeborenes als auch erlerntes Verhalten. Vor allem Welpen lernen spielend für die Zukunft, indem sie viele wichtige Verhaltensweisen im und durch das Spielen erproben und einüben, die sie als erwachsene Hunde brauchen. So wird bereits in den ersten Lebenstagen im Welpennest unter den Geschwistern die Hundesprache trainiert. Ein spielender Hund sorgt somit für seine eigene Persönlichkeitsentwicklung, indem er seine Stärken und Schwächen in bestimmten Situationen einzuschätzen lernt. Spielerfahrene Hunde können mit unerwarteten Situationen besser umgehen und die individuellen Befindlichkeiten ihrer Sozialpartner ausgleichen, unabhängig davon, in welcher »Tagesform« sich diese befinden. Im Spiel entdecken die Welpen aber auch ihre Grenzen. Ebenso werden Möglichkeiten ausgelotet, wie sie sich selbst und die »Welt«, in der sie leben, kontrollieren können. Dabei kommt den Sozialspielen eine besondere Bedeutung zu. Meist bis zum Alter von ca. acht Wochen üben die »Kleinen« mit den Geschwistern soziale »Rollenspiele« nach dem Motto: »Gestern warst du der Sieger, heute will ich gewinnen …« Hierbei können Konflikte spielerisch geprobt werden, ohne harte Konsequenzen fürchten zu müssen. Aber auch eine perfekte Beißhemmung wird so gelernt.

37. Verhalten – Wesen des Welpen: Kann man vom Wesen eines Welpen auf sein späteres Verhalten schließen?

Nein! Das Verhalten unserer Hunde ist nur zum Zeitpunkt der Geburt rein angeboren. Bereits wenige Augenblicke danach tritt der Welpe in Wechselwirkung mit der Umwelt. Dabei lernt er unter anderem am Erfolg und Misserfolg seines Handelns. Genau genommen wird der Organismus vom Zeitpunkt der Befruchtung der Eizelle an durch die Umwelt geprägt. Nach der Geburt beantwortet der Welpe aktiv die Reize aus der Umgebung und lernt dabei, welche seiner Reaktionen und Verhaltensweisen für ihn positive oder negative Konsequenzen haben.

38. Welpenschutz: Gibt es den »Welpenschutz«?

Nein, die »Narrenfreiheit« eines Welpen gegenüber erwachsenen Hunden, auch als »Welpenschutz« bezeichnet, wird häufig fehlinterpretiert. Sie besteht lediglich bei Wölfen oder Hunden innerhalb eines Rudels. Bei nicht verwandtschaftlichen Beziehungen, wie bei zufälligen Hundebegegnungen, hat der erwachsene Hund keine Verpflichtung, den Welpen mit anderem Erbgut zu schützen. Nur wenn der Welpe gelernt hat, durch Beschwichtigungsgesten den älteren Hund im Krisenfall milde zu stimmen, und wenn dieser die Beschwichtigung des Welpen akzeptiert, werden aggressive Auseinandersetzungen vermieden.

Freie Treffs mit sozialisierten Hunden verschiedener Größe, Rasse und Geschlechts führen zu soziopositivem Verhalten.

Sozial-
verhalten

Das Sozialverhalten von Hunden beinhaltet alle Verhaltensweisen, die nicht nur der Verständigung mit Artgenossen, sondern ebenso der Kommunikation und dem Zusammenleben mit dem Hauptsozialpartner Mensch dienen.

39. Beißen – Verteidigung: Stimmt es, dass ängstlich-unsichere Hunde schnell zubeißen?

Ja, ängstlich-unsichere Hunde zeigen höchste Bereitschaft zur Verteidigung, weshalb sie in Hundeauseinandersetzungen häufiger zuerst zubeißen. Hunde, die aus der Unsicherheit (und Angst) heraus drohen, versuchen über ein Abwehr- oder Defensivdrohen eine deeskalierende Distanzvergrößerung zum »Angstmacher« zu erreichen (→ Tabelle rechts), wobei sie zwischen Angriff, Demut oder Flucht schwanken. Wenn diese Tiere die Nerven verlieren, dann schnappen sie in die Luft oder beißen spontan zu. Das geöffnete Maul ist also eine letzte Warnung Sekundenbruchteile vor dem unausweichlichen Biss.
Besonders von unsicher drohenden Hunden geht deshalb die Gefahr von unliebsamen und schmerzhaften Zwischenfällen auch mit dem Menschen aus, weil man sich häufig von der eher Angst anzeigenden Körperhaltung leiten lässt.

40. Bellen – Aggressivität: Stimmt der Ausspruch: »Hunde, die bellen, beißen nicht.«?

Nein! Oftmals ist das Bellen die letzte Warnung eines Hunds vor einem drohenden Angriff. Deshalb sollten Sie das Bellen als mögliches Drohverhalten ernst nehmen, wenn Sie nicht sicher sind, was es bedeutet. Das heißt, bleiben Sie ruhig stehen, wenden Sie sich ab, nähern Sie sich nicht dem bellenden Hund und vermeiden Sie direkten Blickkontakt mit dem Tier!

41. Bellen nur nachts: Meine Hündin bellt nachts, tagsüber ist sie aber ruhig. Was steckt hinter diesem Verhalten?

Hunde, die scheinbar grundlos und plötzlich mitten in der Nacht bellen, reagieren mithilfe ihrer außerge-

wöhnlichen Hörleistung auf für uns nicht wahrnehmbare Geräusche in der Umgebung. Viele Hunde sind zu territorialem Verhalten mehr oder weniger veranlagt und bewachen dann besonders sensibel das eigene Terrain, wenn die übrigen Rudelmitglieder schlafen. Zeigen ältere Hunde dieses Bellen bei gleichzeitig auftretendem unruhigem Schlaf in der Nacht und großer Anzahl von Schlaf- und Ruhephasen am Tag, kann es sich um an Demenz oder Alzheimer erkrankte Tiere handeln. Dann sollten Sie einen Tierverhaltenstherapeuten aufsuchen. Das gilt auch, wenn der Hund nachts aus Angst bellt.
Handelt es sich bei dem nächtlichen Bellen um Aufmerksamkeit erheischendes Verhalten, so ignorieren Sie den Hund am besten, um ihn nicht zu bestätigen. Bei sensiblen und geräuschempfindlichen »Bewachern« hilft oft bereits das Schließen der Fenster.

EINEN UNSICHEREN HUND ERKENNEN

Ängstlich-unsicheres Verhalten: Diese Tiere zeigen ein typisches Angstgesicht (→ Seite 67). Mit unruhigen Augenbewegungen betrachten sie die Umwelt. Die Maulwinkel sind spitz nach hinten gezogen, wobei sie zu »grinsen« scheinen. Mit gesenktem Kopf vermeiden sie Blickkontakt mit dem Gegenüber oder blinzeln und bewegen sich entweder langsam oder gar nicht. Mit vorerst eingeknickten Beinen und neutral bis unter den Körper gezogener Rute schwanken sie zwischen Meideverhalten (→ Frage 129) und Gegenwehr.

Angstdrohen: Hunde, die aus Unsicherheit (und Angst) drohen, versuchen so eine deeskalierende Distanzvergrößerung zum »Angstmacher« zu erreichen. Mit langer Maulspalte, nach hinten gelegten Ohren und geweiteten Pupillen drohen die Tiere mit gerunzelter Nase und oft bis in den Backenbereich entblößten Zähnen unter grollenden Knurr- und Bell-Lauten. Die Lippen sind dabei sehr weit nach oben gezogen, sodass das Zahnfleisch zu sehen ist. Immer noch zwischen Angriff, Demut oder Flucht schwankend, ist der Körper geduckt und zusammengezogen, wobei nicht nur das Nackenfell (wie beim offensiv sicheren Drohen), sondern das gesamte Rückenfell als »Bürste« aufgestellt ist (→ Frage 57).

42. Bellen – Unterschiede: Wie kann man verschiedene Bellformen, etwa echtes Angst- oder Drohbellen, unterscheiden? ?

Keine Lautäußerung ist bei unseren Hunden so verbreitet wie das Bellen. Dabei unterscheiden sich die einzelnen Bell-Laute vor allem in der Tonhöhe und Lautstärke (→ Tabelle rechts).
Alle Bell-Laute dienen der Verständigung von Hunden untereinander und sind damit keinesfalls für den Menschen eindeutig genug, um mögliche Missverständnisse vermeiden zu können. Deshalb ist jeder Zweibeiner gut beraten, sich nicht allein auf die Lautgebung zu konzentrieren, sondern alle erkennbaren Signale der Hundesprache, insbesondere Gestik, Mimik und Körpersprache, zu lesen und zu interpretieren, um situationsgerecht reagieren zu können!

43. Charakter – Hündin und Rüde: Stimmt es, dass das Zusammenleben mit einer Hündin leichter ist als mit einem Rüden? ?

Dies wird oft behauptet, doch die Aussage lässt sich nicht verallgemeinern, denn charakterliche Eigenheiten hängen nicht (nur) vom Geschlecht, sondern vielmehr von der Veranlagung und Persönlichkeit des einzelnen Tiers hinsichtlich Verspieltheit, Neugier und Angstfreiheit sowie sozialer Kompetenz ab.
Hündinnen lernen in der Regel schneller und erfolgreicher, Rüden spielen lieber. Auch sollen Hündinnen unterordnungsbereiter sein als Rüden, während Rüden angeblich generell eher zu »rüden« Manieren neigen und sich häufiger aufsässig, provokant oder gar aggressiv vor allem Menschen gegenüber verhalten. Rüden sind mitunter stärker an einem höheren Sozialstatus innerhalb des Rudels interessiert bzw. testen häufiger als Hündinnen die soziale Führungskompetenz des Besitzers. Diese Aussage stimmt, allerdings kann dies im Zusammenleben mit uns Menschen nur

LAUTSPRACHE DES ERWACHSENEN HUNDS

Bellen: Dabei haben die Hunde den Fang weit geöffnet und schleudern die Laute regelrecht stoßweise heraus.

- Echtes Drohbellen: Bellen mit tiefer Lautgebung im Stakkatostil mehrfach hintereinander, der Gegner wird nicht selten regelrecht niedergebrüllt.
- Angstbellen: Es wird hochfrequenter und wechselt häufig mit Fieplauten ab.
- Kontaktbellen: klanghaftes (tonales), melodisches, harmonisches, aufforderndes und hochfrequentes (kurze, schnelle Wiederholungen) Bellen
- Warnbellen: atonale einsilbige Kurzlaute in schneller Folge
- Verteidigungsbellen: Das Bellen wird zunehmend variabler, indem einige Knurrlaute verschiedenster Tieftonlagen untergemischt werden, wie um den Verteidigungswillen zu untermauern.
- »In-die-Luft-Bellen«: Dieses scheinbar sinnlose Bellen ohne Bezug zu Personen oder zur Umwelt ist ein Sonderfall. Es klingt monoton und in einigen Fällen fast stereotyp und ist häufig eine Belastung in der Hund-Besitzer-Beziehung.

Winseln: Wiederholt abgegebene (frequente), hohe, tonale Laute, eindringlich, im Wechsel zwischen kurzen und lang gezogenen Tönen

Heulen: Es wird häufig in höchster Angst und bei Stress beim Alleinsein gezeigt. Beginnend mit einem Winseln, steigert sich der allein gelassene Hund mit der Zeit in ein Bellen und Heulen hinein, das über Stunden andauern kann, um eine Rudelzusammenführung »herbeizuheulen« (»Loneliness-Cry«).

Wuffen: Es ist ein kurzes, gedämpftes, atonales Bellen bei geschlossener Schnauze und wird meist von verunsicherten und geängstigten Hunden als Warn-, Schreck oder Drohlaut abgegeben, wenn sie sich zwischen Flucht oder Verteidigung noch nicht entschieden haben. Wuffen geht häufig in Bellen über.

Tiefes grollendes Knurren: Eindeutiges atonales Warn- und Drohsignal vor einer möglichen Beißerei

Spielknurren: Hellerer atonaler Knurrton im Wechsel mit Spielbellen und gelegentlichem Winseln, Fiepen (tonal) und aufforderndem Wuffen (atonal)

dann problematisch werden, wenn wir die Grundregeln im Zusammenleben nicht konsequent und täglich aufs Neue durchsetzen (→ Frage 138).

44. **Dominanz – Aggressiver Hund: Sind dominante Hunde generell aggressiver?**

?

Nein, dieser angebliche Zusammenhang ist unsinnig! Wirklich dominante Tiere sind oft selbstbewusst genug, ihre Stärke anderweitig als mit aggressivem Display zu demonstrieren. Sie verhalten sich demnach weit weniger aggressiv als oft angenommen, da sie dies aus der führenden Position heraus schlichtweg nicht nötig haben! Dominanz beschreibt im Übrigen auch nicht das Wesen eines Tiers, sondern das Verhältnis zweier Individuen zueinander (Ranghöhe), welches als Ergebnis einer Vielzahl von kommunikativen Interaktionen beider Hunde innerhalb eines Rudels entsteht. Dabei kann die Festlegung jederzeit wechseln!
Ebenso falsch ist es, dass Hunde ob ihrer jeweiligen Rassezugehörigkeit zu vermehrt aggressivem Verhalten neigen. Allerdings kommt es durch züchterische Reduzierung von Ausdrucksmöglichkeiten immer häufiger zu Kommunikationsschwierigkeiten und Missverständnissen zwischen Hunden, aber auch zwischen Mensch und Hund (→ Info, Seite 79).

45. **Duftmarkierung – Lecken: Warum leckt mein Rüde an Urinpfützen anderer Hunde?**

?

Die Urinpfützen anderer Hunde sind eine Art Zeitung für unsere Vierbeiner. Sie werden teilweise sehr intensiv begutachtet, um möglichst viele Informationen über den »Schreiber« der Nachricht zu erfahren. Dabei stehen Hunde mit tief gebeugtem Kopf und mehr oder weniger erhobenem Schwanz da und scheinen ganz versunken. Rüden sind oft nicht ansprechbar, wenn sie den »Brief« einer läufigen Hündin finden.

Dabei schmecken und riechen sie gleichzeitig mit geöffnetem Maul, hochgezogener Oberlippe und zuckender Stirn, indem sie an den urinbenetzten Grasbüscheln abwechselnd lecken und riechen. Dieses Verhalten nennt man Flehmen. Die Informationen nehmen Hunde über das »Jacobson'sche Organ« auf, eine Art Zusatznase im Gaumendach.

46. Geburt – Beginn erkennen: Woran erkenne ich, ob die Geburt unmittelbar bevorsteht? ?

Kurz vor der Geburt zieht sich die Hündin zurück, wirkt allgemein beunruhigt und frisst weniger. Alltagsstress gegenüber ist sie intoleranter. Sie bezieht ihr bereits vorbereitetes Welpennest, legt sich seitlich hinein, hechelt oder atmet tief ein und aus. Einsetzende Wehen kündigen die Geburt des ersten Welpen an. Unter Zuhilfenahme der sich rhythmisch kontrahierenden Muskulatur der Gebärmutter und der Bauchmuskeln (Bauchpresse) schiebt und drückt sie die Welpen in den Geburtskanal. Noch von den Eihüllen umschlossen, werden die Welpen meist mit dem Kopf oder den Hinterbeinen voran geboren. Die Geschwister folgen häufig in Abständen von wenigen Minuten.

47. Geschlechtsreife: Wann werden Hunde geschlechtsreif, und wie erkennt man das? ?

Der Eintritt ins Erwachsenenleben variiert zeitlich sehr stark. Je nach Rasse, Gewicht und Haltungsbedingungen liegt der Zeitraum zwischen dem 6. und 18. Lebensmonat, in der Regel werden die Tiere vor Erreichen des ersten Lebensjahrs geschlechtsreif. In der Regel sind Hündinnen frühreifer.

➤ Bei Rüden erkennt man den Eintritt der Geschlechtsreife (Pubertät), indem sie zumindest ihre Deckfähigkeit zeigen und die Bereitschaft, diese auch auszuprobieren.

➤ Geschlechtsreife Hündinnen werden meist zweimal pro Jahr läufig (→ Info, Seite 87).

48. Homosexualität: Ich habe auf der Hundewiese beobachtet, dass ein Rüde einen anderen bestieg. Ist er homosexuell?

Homosexualität im menschlichen Sinn kann nicht auf Hunde übertragen werden. Dennoch kann man immer wieder beobachten, wie ein Rüde einen anderen besteigt und eindeutige Friktionsbewegungen vollführt. Ähnliches sieht man bei Hündinnen, jedoch wesentlich seltener. Was auf den ersten Blick nach sexueller Aktivität aussieht, entpuppt sich oft als provokante und selbstsichere Geste des Reiters dem Berittenen gegenüber. Er konnte die positive Erfahrung machen, über diese Art von »Homosex« Stress abzubauen, weshalb er dies wiederholt dafür nutzen wird.
Die berittenen Hunde lassen den anderen Rüden gewähren, sicher auch aus Angst vor Eskalation, würden sie sich ihm verweigern. Es gibt sogar wahre Abhängigkeiten zwischen befreundeten Rüden über längere Zeit, die »Homosex« mit Rollenwechsel praktizieren. Als weiterer Grund für gleichgeschlechtlichen Sex gilt das im Vergleich zum Wolf übersteigerte Sexualverhalten unserer Hunde. Zu vielen Zeiten im Jahr werden die Hündinnen läufig und animieren die Rüden über ihr Ranzverhalten (→ Frage 103) zum Sex. Die Rüden wollen ja auch gern, dürfen aber selten oder nie. Deshalb weichen sie auf willige und geduldige Rüden aus.

Kontaktliegen mit Sozialpartnern dient der Thermoregulation, drückt aber auch Vertrauen und enge Bindung aus.

49. Hundebegegnung: Welche Varianten einer normalen Hundebegegnung gibt es? ?

Haben sich Hunde begrüßt (→ Frage 56) und ausreichend erste Informationen ausgetauscht, dann gibt es prinzipiell drei Varianten des weiteren Verlaufs.

➤ Beide Tiere entfernen sich in verschiedene Richtungen, was im Übrigen der häufigste Ausgang von Hundebegegnungen ist.

➤ Es schließt sich ein gemeinsames Spiel an, wobei gegenseitige Sympathie bekundet werden kann.

➤ Nur selten kommt es zu ernsteren Zwischenfällen. Ursachen dafür sind häufig Missverständnisse in der Kommunikation oder auch die Verteidigung wichtiger Ressourcen wie Bälle, Futter, Besitzer als Futterlieferant etc. Allerdings sind die Besitzer selbst nicht selten die Hauptverursacher einer Eskalation im Verlauf einer Hundebegegnung (→ Frage 125, 270).

50. Hundebegegnung – An Besitzer drücken: Während einer Hundebegegnung drückt sich mein frei laufender Hund häufig an mich. Sucht er auf diese Weise Schutz? ?

Dies ist möglich. Ängstliche Tiere, die negative Erfahrungen mit Artgenossen erlebt haben, oder unsichere und unselbstständige Hunde mit zu wenigen innerartlichen Kontakten suchen den engen Körperkontakt zum menschlichen Sozialpartner, wenn ihnen ein Hund entgegenkommt. Dadurch kann sich der Hund in der Folge etwas weniger ängstlich zeigen. Bedingungen dafür sind eine harmonische, vertrauensvolle Bindung zum Besitzer sowie ein entspannter, nicht ängstlicher Besitzer, der den Körperkontakt zulässt, sonst jedoch seinen Hund weitestgehend ignoriert.
Der enge Körperkontakt zwischen Besitzer und Hund kann auch dazu führen, dass der Hund seinen Menschen als wichtige Ressource verteidigt. Zumindest ist eine vom Menschen unabhängige und freie Unterhal-

tung zwischen Hunden nicht möglich. Der unsichere und ängstliche Hund kann weder seine Kommunikationsfähigkeit mit Artgenossen verbessern noch an Selbstwertgefühl und Eigenständigkeit gewinnen.

51. Hundebegegnung – Bogen gehen: Warum macht mein Hund einen Bogen um einen bestimmten Artgenossen? ?

Ihr Hund ist entweder unsicher, ängstlich, oder der entgegenkommende Artgenosse zeigt Drohverhalten. Ihr Hund hält die Individualdistanz zur möglichen Gefahr aufrecht, indem er einen Bogen um den anderen läuft. Dadurch signalisiert er »Friedensabsichten«.

52. Hundebegegnung – Hinhocken: Wenn uns draußen ein anderer Hund entgegenkommt, hockt sich mein Rüde zunächst hin. Erst kurz bevor der andere Hund vor ihm steht, springt er auf. Was bezweckt er mit diesem Verhalten? ?

Sinn des Ganzen ist es, den potenziellen Gegner zu beschwichtigen und friedlich zu stimmen, indem Ihr Hund diesen zum Spiel auffordert. Dieses Verhalten zeigen Hunde oft auf dem Spaziergang vor dem eigentlichen Erstkontakt, wobei beide Tiere etliche Meter weit voneinander ent-

INFO

Umkreisen von Beute

Hunde laufen nicht nur aus Angst oder Unsicherheit einen Bogen um Sozialpartner (→ Frage 51). Ein Bogenlaufen ganz anderer Art ist das Umkreisen von Beute beim Jagen und Hüten. Wird es dem Menschen gegenüber gezeigt, kann es sich zu einem gefährlichen Problemverhalten entwickeln. Gezielte Attacken gegen die Fersen sind oft die Folge.

fernt sein können. Bei diesem Spiellauern beobachtet der sich hockende oder sich fast hinlegende Hund sein Gegenüber genau. Meist folgt ein spielerischer Überfall, der in ein wildes Verfolgungsrennen mit wechselnden Rollen münden kann.

53. Hundebegegnung – Kleiner und großer Hund: Ich habe beobachtet, dass ein Hundehalter seinen kleinen Hund auf den Arm nahm, als ein großer Hund entgegenkam. Warum bellte der kleine Hund? ?

Viele Besitzer kleinerer Hunde meinen, ihren Hund schützen zu müssen, indem sie ihn sofort auf den Arm nehmen, sobald ihnen ein größerer Hund entgegenkommt. Dadurch lernen die kleinen Hunde fatalerweise, dass sie den großen Hunden »überlegen« sind. Die Folge ist, dass sich die Minihunde aus der sicheren, hohen Position heraus bellend mit jedem großen Artgenossen anlegen. Dies führt im Extremfall zu einer Beißerei, wobei der Unterarm des Besitzers oft umgelenktes Ziel der Attacke ist.
Auch Vertreter kleiner Rassen sollten wie alle anderen Hunde die Möglichkeit zur freien Kontaktierung ohne Leine haben, um die Hundesprache lernen zu können.

54. Hundebegegnung – Kontakt an der Leine: Ich habe gehört, dass man zwei angeleinte Hunde nicht miteinander Kontakt aufnehmen lassen soll. Stimmt das? ?

Ich rate Ihnen, prinzipiell auf einen Kontakt zwischen angeleinten Hunden zu verzichten. Die Kommunikationsmöglichkeiten beider Hunde sind stark eingeschränkt, da die Tiere an der Leine nicht ausweichen können. Vielmehr laufen sie Gefahr, sich in den Leinen zu verheddern, und agieren dadurch häufig unsicherer, ängstlicher und aggressiver. Dabei gilt auch, je länger die Leine, umso schlechter ist die Kontrollfähigkeit. Ausziehleinen sind daher generell nicht zu empfehlen. In einigen Hund-Mensch-Teams werden die Besitzer über die Leinenverbindung auch zu einer wichtigen Ressource für den Hund, die es zu verteidigen gilt (→ Frage 62).

55. Hunde untereinander: Woran erkenne ich bei einer Hundebegegnung, ob sich die Hunde mögen?

Der Gesichtsausdruck der Hunde ist neutral und entspannt, das heißt, die Augen, Ohren, Lefzen, Schnauzenstellung, Maulwinkelform sowie die Kopfhaut sind entspannt und unauffällig. Vergleiche zwischen den verschiedenen Rassen fallen dabei schwer, haben doch die einzelnen Vertreter variable »Unschuldsmienen«. Der sich wohlfühlende Hund betrachtet die Welt oft mit erhobenem Kopf und leicht geöffnetem Maul, wobei dies einem Lächeln ähnelt (→ Frage 71). Die Körperhaltung ist ebenfalls neutral und entspannt, während die Rute rassetypisch gehalten wird.

1 *Provokante T-Stellung oder normale Kontaktaufnahme über anogenitale Geruchsprüfung – beides ist hier möglich.*

2 *Kopfauflegen kann eine normale soziale Annäherung (Paarung) einleiten, bedeutet jedoch häufig nichts Gutes.*

56. **Hunde untereinander – Begrüßung: Wie begrüßen sich Hunde untereinander?** ?

Treffen Hunde zufällig aufeinander, kommunizieren sie durch Lesen und Zeigen von Signalen der arteigenen Hundesprache. Bereits aus der Entfernung werden vor allem optische und geruchliche Informationen ausgetauscht. Doch Hunde nutzen natürlich auch alle übrigen Sinne. So beschnuppern sie sich häufig am Kopf und am Hinterteil (anogenitaler Bereich). Sind sie in neutraler bis neugierig-interessierter Stimmung, stoßen sie mit der Schnauze ins Fell an Kopf, Hals oder Flanke. Der geruchliche »Check-up« wird oft mit gegenseitigem Schnauzenkontakt, Beißen, Belecken oder Beknabbern des Fells sowie Anal- und Genitalwittern, -lecken und -beißen vervollständigt. Häufig beriechen sie sich auch an der Oberseite der Schwanzwurzel (Violwittern). Dies alles dient dem ersten Informationsaustausch zwischen den Hunden.

57. **Hunde untereinander – Fell sträuben: Bei einer Hundebegegnung sträubte einer das Fell am Rücken und Nacken. Hatte er Angst?** ?

Dieses blitzartige Aufrichten der Haare im Nacken-, Rücken- und Schwanzbereich ist eine Möglichkeit, um den Informationsgehalt des übrigen Körpers zu verstärken. Es wird auch Piloerektion genannt. Zunächst ist dieses Phänomen nichts anderes als eine unwillkürliche Reaktion des Körpers auf Stress. Durch das Sträuben des Fells über den gesamten Rücken versuchen die Hunde größer zu erscheinen, um über eine derartige Pose dem Gegenüber zu imponieren. Das Verhalten kann demnach als »Hinhaltetaktik« verstanden werden. Die unsicheren, ängstlichen und gestressten Hunde versuchen den Gegner zu beeindrucken und »Zeit zu schinden«. Während dieser »Denkpause« können sie sich immer noch für Flucht, Beschwichtigung oder Kampf entscheiden.

»Schnauzenzärtlichkeit«: Die Schnauze wird in das Maul des anderen gesteckt und von diesem beleckt.

Ein wirklich sicherer Hund zeigt, wenn überhaupt, nur ein auf den Nacken begrenztes Sträuben des Fells.

58. Hunde untereinander – Lefzen lecken: Ich habe beobachtet, dass ein Hund die Lefzen eines anderen leckte. Warum tat er das?

Das Lecken der Schnauze eines Artgenossen kann als eine Geste der aktiven Demut gegenüber rudelfremden Hunden bzw. als Unterwürfigkeit gegenüber Rudelmitgliedern gewertet werden. Meist springen diese Tiere zusätzlich den Artgenossen an, heben eine Vorderpfote und stoßen die Schnauze zum Gegenüber. Diese Gesten dienen der Beschwichtigung, dem Stressabbau, bzw. sie verhindern Eskalationen zwischen streitenden Hunden während des Spaziergangs oder im Rudel (→ auch Info, Seite 80).

59. Hunde untereinander – Quer vor anderem Hund stehen: Was bedeutet es, wenn sich ein anderer Hund quer vor meinen stellt?

Gemeint ist die T-Stellung. Zunächst ist dieser quer stehende Hund (»Balkenhund«) der Imponierende und Aktive, der sich dem entgegenkommenden »Vertikalhund« in den Weg stellt und so dessen Bewegungsfreiheit einschränkt. Er zeigt imponierend seine verletzliche Breitseite, bietet seinen Hals bei abgewandtem Kopf dar und präsentiert sich angeberisch nach dem Motto: »Na, versuch es doch …«

Der Ausgang dieser Interaktion hängt von der Reaktion des scheinbar schwächeren Tiers ab. Hat sich der Provokateur im Gegenüber verschätzt, bekommt er sofort die Quittung für seine anmaßende Frechheit präsentiert, indem dieser nun seinerseits Selbstsicherheit und Imponiergehabe ausdrückt (→ Frage 86).

60. Hunde untereinander – Scheinangriff: Weshalb greifen Hunde zum Schein an?

Als Scheinangriffe bezeichnet man kurze provokative Angriffe mit sofortigem Rückzug. Sie dienen entweder dazu, eine Distanz zu objektiv oder subjektiv empfundenen Gefahren bzw. Bedrohungen zu erreichen, oder sie werden im Zusammenhang mit einer Spielaufforderung dem drohenden Artgenossen gegenüber als Beschwichtigung gezeigt. Auch testen rangniedere Tiere die Chefs im Rudel durch Scheinangriffe, ob sie bestimmte Drohsignale auch wirklich so meinen.

INFO

Unterwürfige T-Stellung
Neben der imponierenden Form der T-Stellung (→ Frage 59) gibt es auch eine unterwürfige Form. Hierbei schiebt sich das rangniedere Tier unter den Hals bzw. Kopf des Partners. Dies hat nichts mit einem ranganmaßenden oder dominanten Verhalten zu tun, sondern dient der entspannten und vertrauensvollen Kontaktaufnahme unter Rudelmitgliedern.

61. Hunde untereinander – Schnauzenzärtlichkeit: Mein Hund und der Nachbarhund stecken ihre Schnauzen ineinander und belecken sich. Was bedeutet das?

Diese sogenannten Schnauzenzärtlichkeiten sind eine besondere Form der Verständigung über Berührungen. Dabei steckt ein Hund seine Schnauze tief in das Maul eines anderen Hunds und beleckt dieses. Dieser wiederum umfasst sehr vorsichtig die geschlossene Schnauze des anderen mit dem eigenen Fang und beknabbert diese zärtlich mit ausgeprägter Beißhemmung. Ähnliche Freundschaftsbeweise verschenken Hunde auch an ihre Besitzer, wenn sie dessen Hand vorsichtig ins Maul nehmen und ihn mit sich fortführen (→ Frage 84).

62. Hunde untereinander – Streit: Warum streiten sich Hunde hin und wieder?

?

Im Rudel gilt es, um Ressourcen wie Futter, Lagerplätze und anderes zu ringen. Auf freiem Feld können Spielzeug, ein Stock oder der Besitzer selbst eine solch immense Bedeutung für den Hund haben, dass es sich lohnt, um den Besitz zu streiten. Das gilt besonders, wenn der Artgenosse ein ähnlich starkes Interesse an der Ressource zeigt. Haben beide Hunde in etwa die

RITUALISIERTE VERHALTENSWEISEN

Definition: Dies sind »einstudierte Rollenspiele«, mit deren Hilfe Hunde Missverständnissen vorbeugen und eine Eskalation bei »Streitgesprächen« vermeiden und so die körperliche Unversehrtheit beider bewahren. Zu wirklichen Ernstkämpfen kommt es hingegen eher selten.

Beispiele: Treffen zwei gleichrangige oder im gleichen Maß aktive, potente und sozial kompetente Rüden aufeinander, nutzen sie bestimmte Rituale zu sogenannten »Showkämpfen«. Beide zeigen ein ritualisiertes Drohverhalten, indem sie sich drohend fixieren, steifbeinig umkreisen und Kopf oder Pfote auf den Körper des anderen legen. Dabei versuchen sie mit gerunzeltem Nasenrücken und entblößten Zähnen, den anderen zu besteigen. Zusätzlich können sie sich in einem Ring- bzw. Hochkampf auf den Hinterbeinen stehend gegenübertreten, mit den Vorderpfoten umklammern und über ihre extrem weit aufgerissenen Mäuler tiefe, kehlige Knurrlaute von sich geben.

gleiche momentane Körperfitness und reicht die kommunikative Fähigkeit zu einer friedlichen Konfliktlösung nicht aus, so wird schon mal gekämpft.

63. Hunde untereinander – Streit erkennen: Woran erkenne ich, dass zwei Hunde miteinander streiten?

?

Wenn sich Hunde in streitlustiger Stimmung befinden, kann es zu einer mehr oder weniger ritualisierten Auseinandersetzung kommen. Einer der Beteiligten provoziert den anderen, indem er imponiert. Darauf kann der andere ebenfalls mit imponierendem Drohverhalten oder gar mit Aggression reagieren. Während Hündinnen diffizilere Mittel wie Drohfixieren und defensive Aggression bevorzugen, gefallen sich Rüden in der Rolle des Machos. Die beiden Kampfhähne stehen sich mit steifem Schwanzwedeln, in die Höhe gerecktem Kopf und steifem Körper sowie angespannten Bewegungen aneinander vorbeischauend gegenüber. Ein typischer Ablauf ist die sogenannte T-Stellung (→ Frage 59). Im Anschluss an ein erstes Streitgespräch kann im weiteren Verlauf ein Drohen, ein Demutsverhalten oder ein Angriff folgen.

64. Hunde untereinander – Streit vermeiden: Ein Streit zwischen Rüden sieht häufig sehr dramatisch aus, obwohl sie sich gegenseitig kaum verletzen. Woran liegt das?

?

Das liegt daran, dass Hunde, welche die Hundesprache richtig gelernt haben, bei einem Streit nicht mit echter Aggression, sondern mit ritualisierten Verhaltensweisen reagieren. Das bedeutet, dass diese Verhaltenssequenzen in geregelten Bahnen ablaufen, wobei die gegenseitige Verständigung durch Übertreibung und Vereinfachung von Mimik und Gestik immer deutlicher und genauer wird (→ Info links).

65. **Hund und Katze:** Weshalb kann es zwischen beiden zu Missverständnissen kommen?

Hunde und Katzen leben häufig friedlich miteinander, besonders wenn sie vom Welpenalter an gemeinsam in einem Haushalt leben. Jedoch ist ein harmonisches Miteinander nicht per se gegeben. Je nach Veranlagung und Charakter der Tiere kann es bei den Begegnungen zwischen Hund und Katze zu mehr oder weniger heftigen Streitigkeiten kommen. Die Gründe für Missverständnisse liegen in Unterschieden des Verhaltens und der Körpersprache.

- Hunde lieben es in der Regel gesellig und turbulent, Katzen verhalten sich häufig eher zurückhaltend und leise.
- Der Hund beschwichtigt mit erhobener Pfote, die Katze droht so mit Angriff.
- Seitliches Abliegen signalisiert beim Hund Entspannung und/oder beginnende Unterwerfung, Katzen können sich bei gleicher Haltung in höchster Alarmbereitschaft und aggressiver Abwehrstimmung befinden.
- Nach hinten angelegte Ohren bedeuten beim Hund Angst und/oder Beschwichtigung, bei der Katze steht dann oft unmittelbar ein Angriff bevor.
- Ein schwanzwedelnder Hund ist in der Regel erregt und aufmerksam (nicht immer freundlich!). Bewegt sich der Schwanz einer Katze ruckartig und peitschend, so ist das Tier entweder erregt oder unwillig. Sobald nur die Schwanzspitze leicht vibriert, steht häufig das Jagen unmittelbar bevor.

Mit dem Biss über den Fang beendet der ranghöhere Hund eine Auseinandersetzung, oder er bekräftigt ein Anliegen.

66. **Kommunikation – Anstarren: Der Nachbarhund starrt meinen Hund manchmal längere Zeit konzentriert an. Was bedeutet das?**

Für Hunde ist die Kommunikation über Blickkontakte wichtig. So können Informationen auch über größere Distanzen zwischen Sender und Empfänger ausgetauscht werden. Geht der normale und in der Regel nur kurz andauernde Blickkontakt bei einer Begegnung in ein längeres und konzentriertes Anstarren über, so bedeutet dieses Drohfixieren bei fortschreitender Dauer für den angestarrten Sozialpartner ein Imponier- und Bedrohungssignal. Die Dauer und Intensität des Anstarrens lässt in dem Maß nach, wie der bedrohte Gesprächspartner seinerseits aktives oder passives Demuts- und Beschwichtigungsverhalten (→ Seite 71 und 80) zeigt oder flieht. Indes wird die Flucht als Konfliktlösung vom potenziell Stärkeren, Überlegenen oder Ranghöheren seltener geduldet, will er doch vom Gegenüber eher achtungsgebietendes Demutsverhalten als bloßen Gesprächsabbruch.

67. **Kommunikation – Biss über den Fang: Ich habe beobachtet, dass der ältere meiner Hunde die Schnauze des jüngeren in seine Schnauze nimmt. Warum macht er das?**

Der Biss über den Fang wird vor allem bei Kommunikation unter Hunden innerhalb des Rudels vom ranghöheren gegenüber dem unterwürfigen Tier angewendet. Dabei umfasst der überlegene Hund die Schnauze des unterlegenen Tiers mit seinem Maul, um eine Auseinandersetzung bzw. einen Streit zu beenden, ein Anliegen zu bekräftigen oder einfach um (s)eine Position anzuzeigen. Der unterwürfige Hund wird aktiv oder passiv Demutselemente zeigen. Wichtig ist hierbei, dass der ranghöhere Hund über eine ausgeprägte Beißhemmung (→ Frage 16) verfügt, um das Rudelmitglied nicht empfindlich zu verletzen.

KLASSISCHE FEHLER IN DER

Der Mensch wirkt häufig durch Mimik, Gestik, Körperhaltung, Lautstärke und andere Signale aus Hundesicht bedrohlich. Aus diesem Gefühl heraus wissen manche Hunde oft keinen

DEN HUND NICHT ANSTARREN
In der Hundesprache kann ein direkter Augenkontakt Drohfixieren bedeuten und wird als Aufforderung zum Kampf verstanden. Besser ist es, dem Hund die Hand hinzuhalten, damit er daran schnüffeln kann.

KEINEN ENGEN KÖRPERKONTAKT ERZWINGEN
Hunde reagieren ängstlich auf solche Zwangskontakte. So bedrohen sie einen Artgenossen zum Beispiel durch Pfotenauflegen. Mögliche Alternativen sind Beschwichtigungsgesten (→ Tabelle, Seite 71).

SCHWANZWEDELN
Schwanzwedeln kann beim Hund Freude, Aufmerksamkeit, Imponiergehabe, Angst oder gar drohender Angriff bedeuten! Um seine Emotionen richtig einschätzen zu können, sollten Sie den gesamten Hund betrachten.

MENSCH-HUND-KOMMUNIKATION

anderen Ausweg, als dem Menschen über aggressives Verhalten zu sagen: »Geh weg!« Dabei kann der Mensch dem Hund einfach signalisieren, dass von ihm keine Gefahr ausgeht.

PFÖTELNDER HUND
Das »Pföteln« ist häufig Ausdruck von Unsicherheit, Angst und Stress! Der Hund signalisiert nicht ein Bedürfnis nach menschlichem Kontakt! Alternativverhalten: keinen Blickkontakt, den Hund ignorieren, sich abwenden.

AUF DEM RÜCKEN LIEGENDER HUND
Liegt ein Hund auf dem Rücken, kann er damit Unsicherheit, Angst und Stress ausdrücken. Wird er in dieser Demutshaltung gestreichelt, kann es zum Drohen oder gar Beißen kommen.

BELLENDER HUND
Oftmals ist das Bellen die letzte Warnung vor einem drohenden Angriff. Deshalb sollten Sie ruhig stehen bleiben, nicht auf den Hund zugehen oder mit ihm sprechen und Blickkontakt vermeiden, um ihn nicht zu provozieren.

68. **Kommunikation – Hundesprache: Wie funktioniert die Hundesprache?**

Die Hundesprache funktioniert nach festgelegten Ritualen. Dabei werden wichtige Informationen über ein Bündel von Signalen aus dem Hör-, Seh-, Geruchs- und Berührungsspektrum wechselseitig zwischen »Sender« und »Empfänger« ausgetauscht. Während dieses Dialogs sollten beide Gesprächspartner »zu Wort kommen«. Dabei versucht der »Sprecher« beim »Zuhörer« zu erreichen, dass dieser reagiert – indem er entweder ein bestimmtes Verhalten zeigt (zum Beispiel durch eine Spielaufforderung) oder eben unterdrückt (zum Beispiel durch Warn- und Drohverhalten). Dieses ganzheitliche Arbeiten hat den Vorteil, dass nicht nur einzelne Signale gesendet und empfangen werden, sondern dass sich die Hunde durch verschiedenste Kombinationen dieser Einzelkomponenten fein differenziert verständigen können.

69. **Kommunikation – Hund und Mensch: Hunde und Menschen »sprechen« verschiedene Sprachen. Wie schaffe ich es dennoch, dass mich mein Hund versteht?**

Die Tatsache, dass Hunde und Menschen verschiedene Sprachen »sprechen«, wird von vielen Zweibeinern nicht erkannt. Jedoch kommt es dadurch häufig zu Missverständnissen auf beiden Seiten. Da Hunde statt Worten zur Verständigung Hören, Riechen, Schmecken, Berühren, Sehen und die Lautgebung nutzen, sollten auch wir Menschen mit Hunden ganzheitlich über hundetypische Gestik, Mimik, Lautstärke, Klang der Stimme und Körperhaltung kommunizieren. Natürlich ist der Sender der Signale dafür verantwortlich, dass die Informationen in ihrer Aussagefähigkeit möglichst eindeutig und klar verständlich sind! Ein Hund achtet vorwiegend auf unsere Körpersprache und deutet diese in Hundemanier. Menschliche Worte werden als Signale nach Klang und Lautstärke bewertet. Andererseits weiß auch ein »geschultes Auge« des Menschen von der Bedeutung der einzelnen stummen Körpersignale seines Hunds. Auf dieser Basis ist es möglich, Hunden zumindest einen Teil unserer Wortbedeutung als Kommandos stressfrei nahezubringen.

70. Kommunikation – Kopf schief halten: Warum legt mein Hund seinen Kopf schief?

Hunde legen in verschiedenen Situationen den Kopf schräg bzw. schief. So halten sie den Blick frontal und aufmerksam zum Gegenüber, um konzentriert die Signale insbesondere des Menschen zu empfangen (→ Frage 166), oder sie zeigen den schelmischen seitlichen Blick zur Spielaufforderung bei der Vorderkörpertiefstellung (→ Foto, Seite 85). Auch in vielen anderen Situationen der Verständigung halten Hunde mitunter den Kopf schräg, um den jeweiligen Informationsgehalt zu verstärken oder abzuschwächen

71. Kommunikation – Lächeln: Wenn ich meinen Hund umarme, habe ich den Eindruck, dass er lächelt. Kann das sein?

Ja, Hunde können lachen (→ Tabelle, Seite 71). Sie lächeln zum Beispiel in Momenten der Begrüßung, der Spielaufforderung, jedoch keineswegs bei bedrohlichen Umarmungen. Bei genauerem Hinsehen ist das Lächeln auch eher ein stressbedingtes Hecheln. Gelächelt wird aus Freundlichkeit und Demut, wobei die Art der Kontaktaufnahme seitens der Hunde als »leicht verschämt« interpretiert werden kann. Sie zeigen dieses Verhalten nur uns Menschen gegenüber, nicht bei Kontakten mit Artgenossen. Beim Lächeln als Zeichen von Vertrauen und Offenheit scheinen die Hunde unser Lachen zu imitieren. Wer von Hunden angelächelt wird, hat vieles richtig gemacht.

72. **Kommunikation – Orientierung am Halter: Der Nachbarhund orientiert sich auf dem Spaziergang häufig an seinem Menschen. Was kann das bedeuten?**

Gut eingespielte Hund-Halter-Teams erkennt man weniger an großen gegenseitigen Liebesbezeugungen oder ausgelassenem Spielen und Herumtollen als vielmehr an gegenseitiger Achtung und vertrauensvollen, entspannten und angst- bzw. stressfreien Interaktionen. Gemeinsame Aktivitäten, wie das neugierige Erkunden der Umwelt, fördern die Zweisamkeit. Ein Hund mit einer guten Besitzerbindung orientiert sich auch auf dem Spaziergang häufig am Menschen und bleibt mit diesem »freiwillig« oft in Sicht- bzw. Hörkontakt. So können sie sich über weniger lautstarke Signale nahezu »blind« verständigen. Weitere Vertrauensbeweise seitens des Hunds, → Fragen 84, 88, 89.

73. **Kommunikation – Schnauze lecken: Warum lecken sich Hunde die Schnauze?**

Hunde lecken sich regelmäßig nach dem Trinken oder Fressen mit heraushängender Zunge ihre Schnauze, um die Maulregion zu säubern. Ein völlig anderes Schnauzelecken zeigen sie gelegentlich, wenn sie in Spiellaune sind, viel häufiger jedoch bei Stress oder als Zeichen der passiven Unterwerfung bzw. Beschwichtigung. Es gleicht einem schnell hintereinander angebotenen Zungezeigen. Darüber machen die Hunde aus der Distanz deutlich, dass sie sich derzeit eher unwohl fühlen, sich aber wohlfühlen möchten. Sie fühlen sich bedroht oder sind ängstlich und würden gern beschwichtigend die Schnauze des Gesprächspartners lecken, trauen sich aber nicht. Wenn das angeschaute Gegenüber, Mensch oder Artgenosse, diesen beschwichtigenden »Hilferuf« erkennt und entstressende Maßnahmen ergreift (→ Frage 116), kann sich nachfolgend auch der Hund wieder wohlfühlen.

MIMIK

Mimik beschreibt die verschiedensten sichtbaren Ausdrucksbewegungen im Bereich des Gesichts und dient der nonverbalen Informationsübertragung zwischen den Hunden.

NORMAL ENTSPANNTER GESICHTSAUSDRUCK
Augen, Ohren, Lefzen, Schnauzenstellung, Maulwinkelform sowie die gesamte Kopfhaut sind entspannt und unauffällig. Der Kopf wird erhoben gehalten, der Hund wirkt, als ob er lächelt.

ANGSTGESICHT
Die Ohren sind flach nach hinten gestellt, die Augen mit erweiterten Pupillen entsetzt aufgerissen, der Blick ist abgewandt. Die Gesichtsmuskeln werden angespannt, die Maulwinkel sind spitz und nach hinten gezogen.

SICHERES DROHGESICHT
Der Hund starrt den Gegner nieder, bleckt die Zähne im vorderen Schnauzenbereich mit runden Maulwinkeln und legt Stirn und Nase mehr oder weniger in Falten. Dabei lässt er ein tiefes, grollendes Knurren oder Bellen hören.

74. **Kommunikation – Spielgesicht: Ich habe gelesen, dass Hunde ein Spielgesicht haben. Welche Funktion hat es?**

Durch ein Spielgesicht signalisiert der spielende bzw. zum Spiel aufgelegte Hund seinem Gegenüber: »Ich bin in Spiellaune!« Dabei wechseln in rascher Folge Imponierverhalten mit Unterwürfigkeitsgesten sowie Angst mit Aggression, um dem Gegenüber zu zeigen, dass alles nicht ernst gemeint ist. Wichtig ist, dass die Spielpartner ihren Gesichtsausdruck nie »einfrieren« lassen wie beim Pokerspiel! Dauert eine der gezeigten Mimiken zu lang, wird dieses »Pokerface« entsprechend vom Spielpartner gedeutet. So kann ein eine Sekunde zu lang gezeigtes Drohgesicht zur Eskalation und damit zum Gegenteil dessen führen, was der Hund eigentlich mit der Aufforderung zum Spiel wollte – keinen Streit! Sollte aus Spiel Ernst werden, kann urplötzlich eben jenes Spielgesicht wieder auftauchen, dieses Mal, um den Gegner zu besänftigen.

75. **Kommunikation – Unbewusste Signale: Woran erkennt mein Hund schon im Voraus, ob ich mit ihm oder allein weggehe?**

Kommunikation findet, ähnlich wie Verhalten, prinzipiell immer statt, nämlich über die wechselseitige Übertragung von bewussten und unbewussten Signalen. Hunde haben eine einzigartige Sensibilität entwickelt, auf die Zeichen des Menschen zu achten und zu reagieren. Dabei sind sie auch in der Lage, unbewusste Signale des Menschen vor allem in Mimik, Gestik und Körpersprache zu lesen, um ihr eigenes Verhalten anzupassen. So wird erklärbar, weshalb Hunde bereits einige Zeit vor dem Weggang des Besitzers wissen, ob sie mitgenommen werden oder daheim bleiben müssen. Sie studieren unsere täglichen, örtlich-zeitlichen Abläufe genauestens, achten auf Dinge, wie Blicke zum Hund, zur Leine oder zum Wassernapf, die uns als

Nebensächlichkeiten nicht einmal mehr auffallen, und stellen Assoziationen (Verknüpfungen) her nach dem Motto: »Blick zur Leine = ich komme mit.«

76. Kontaktaufnahme – Mensch: Weshalb leckt mein Hund meine Hand, legt die Pfote auf meine Knie und stößt mich mit der Schnauze? ?

Auf diese Weise möchte er vertrauensvoll Kontakt zu Ihnen aufnehmen. Dieses Verhalten ist je nach Situation ein Zeichen aktiver Unterwerfung oder eine freundliche bis demütige Kontaktaufnahme, ähnlich wie das Pföteln (→ Frage 93). Meist wird taktil und geruchlich kommuniziert, und der Hund gewinnt Informationen per Lecken – intensivem Beriechen des Gesichts oder ersatzweise der Hand – und anschließend durch erneutes Lecken und Anstupsen.
Natürlich wird damit auch der Sozialpartner Mensch bewogen, seine momentane Tätigkeit zu unterbrechen und sich dem Hund zu widmen (→ Frage 251).

77. Körpersprache – Anrempeln: Ich habe beobachtet, dass ein Hund einen anderen unsanft anrempelte. Welche Bedeutung hat dieses Verhalten? ?

Solche »Bodychecks« sind oft unfreundlich, provokant, imponierend und ranganmaßend gemeint, nach dem Motto: »Geh mir aus dem Weg!« Dazu zählen das grobe Anrempeln, das Über-den-Haufen-Rennen, das derbe Wegdrängeln oder das aggressive Anspringen von Artgenossen oder Menschen. Sie können direkt zu unterwürfigem Verhalten des angerempelten Hunds oder aggressiver Auseinandersetzung führen.
Keinerlei Droh- oder Demutsverhalten löst dagegen das vorsichtige Rempeln mit Wegschieben und Drängeln aus. Es kann vielmehr direkt in ein freundschaftliches Nebeneinanderherlaufen (→ Frage 92) münden.

78. Körpersprache – Auf dem Rücken liegen: Stimmt es, dass Hunde, die auf dem Rücken liegen, immer gestreichelt werden wollen?

Diese Annahme ist falsch und die sich daraus ergebenden Folgen können gefährlich sein. Bei Kontakten mit Sozialpartnern kann das Tier Freude, Wohlbefinden, aber auch Unsicherheit, Angst und Stress empfinden. So legt es sich zunächst auf den Bauch und wendet demonstrativ den Blick ab, wenn es sich vom Gegenüber, etwa über Anstarren, bedroht fühlt. Erfolgt dann ein weiterer Check-up wie etwa eine Geruchsüberprüfung durch den sich nähernden Artgenossen, so dreht sich das Tier weiter auf den Rücken, meidet mit angezogenen Vorderläufen den Blickkontakt, um über diese Demutshaltung und passive Unterwerfung zu signalisieren, dass es keinen Streit möchte.
Während die meisten Hunde diese Absprachen kennen und sich dann abwenden, missverstehen Menschen diese Signale häufig und deuten sie als Bedürfnis nach menschlichem Kontakt. Handelt es sich um einen unsicheren und ängstlichen Hund, der sich durch Streicheln oder Darüberbeugen vom Menschen bedrängt fühlt, kann es zu plötzlichem Drohverhalten (Knurren) oder gar zum Beißen kommen.

79. Körpersprache – Aufmerksamkeit: Wie merke ich, ob mein Hund aufmerksam ist?

Die verlässlichsten Zeichen der Aufmerksamkeit finden Hundebesitzer im Gesicht ihrer Tiere. Die Hunde suchen den offenen und freundlichen Blickkontakt mit dem Menschen. Alle weiteren optischen Signale, die einen aufmerksamen Hund charakterisieren, können zum Teil stark variieren. So sind die Ohren je nach rassetypischer Grundstellung entweder nach vorn gerichtet, oder sie hängen seitlich herab. Körperhaltung und Rutenstellung können Erregung, Neugier oder freudige Erwartung signalisieren. Während sich

BESCHWICHTIGUNGSGESTEN

Beschwichtigungssignale (»Calming Signals«) charakterisieren Demuts- und defensives Verhalten und sollen den anderen besänftigen, beruhigen und freundlich stimmen.

Beschwichtigungsgesten des Hunds

- Pföteln (→ Frage 93)
- Blinzeln (→ Frage 80)
- Kopf oder gesamten Vorderkörper demonstrativ vom Sozialpartner abwenden oder zur Seite drehen
- Gähnen (→ Frage 140)
- Lächeln: Dabei wird die Oberlippe bei leicht geöffnetem Fang kurz über die Schneidezähne nach oben gezogen.
- Schmatzen (→ Frage 115)
- Sich klein machen, indem sich der Hund hinsetzt oder hinlegt (auch teilweise auf den Rücken)
- Einen Bogen laufen (→ Frage 51)
- Lecken der eigenen Schnauze bzw. Nase (→ Frage 73)
- Belecken der Schnauze, des Gesichts oder der Hände der Sozialpartner (→ Frage 58, 76)
- Senken des Kopfes und Schnüffeln am Boden
- Plötzliches Lecken und Kratzen des Fells
- Vorderkörpertiefstellung (→ Frage 98)
- Kurzes Harnmarkieren

Beschwichtigungsgesten des Menschen

Der Mensch verhält sich aus Hundesicht angenehm, wenn er

- sich klein macht und dem Hund die flache Hand zur »Geruchsprobe« hinhält (»Bettlerstellung«).
- zur Seite wegschaut und nicht lacht (Zähne zeigen).
- blinzelt, schmatzt, gähnt, sich über den Mund leckt.
- sich langsam bewegt.
- den Hund nicht anfasst (auch wenn dieser noch so lieb schaut!) und ihn ignoriert.

Junghunde häufig mit schief gehaltenem Kopf und in Falten gelegter Kopfhaut neugierig und gespannt auf die Kommunikation mit dem Menschen konzentrieren, warten ältere und erfahrene Hunde mit entspanntem Ausdruck die Anweisungen eher gelassen ab.

80. **Körpersprache – Blinzeln:** Was will mein Hund mir sagen, wenn er blinzelt?

Das Schließen und Verkleinern der Augen zu schmalen Schlitzen und das Blinzeln zeigen, dass der Hund schläfrig oder freundlich, friedlich oder unterwürfig gestimmt ist. Bei Gesprächen kann das Blinzeln als beschwichtigende Blickunterbrechung bzw. Blickabwendung gewertet werden. Aber auch dominante Tiere im Rudel können die unterwürfigen Tiere anblinzeln, wenn sie Freundlichkeit und Entspannung signalisieren wollen. Sie erhalten dann prompt Antwort in Form von Gegenblinzeln oder Schnauzelecken.
Hunde blinzeln aber auch uns Menschen an, um uns Freundlichkeit und Vertrauen entgegenzubringen, uns friedlich und milde zu stimmen oder uns einfach darauf hinzuweisen, dass wir dem Hund soeben zu viel Stress zugemutet haben. Blinzeln wir dann in Richtung Vierbeiner zurück, herrscht wieder Harmonie!

81. **Körpersprache – Dominanz:** Gibt es den »dominanten« Rüden auf der Hundewiese?

Es gibt zweifellos »Machos« mit rüden Manieren, aber keinen dominanten Rüden auf der Hundewiese! Dominanz und Subdominanz beschreiben lediglich ein Verhältnis zweier Individuen (→ Info, Seite 89). Tiere aus verschiedenen Rudeln müssen kein Ranking aushandeln! Dabei können Hunde mit selbstsicherem Imponierverhalten häufig ranghohe Positionen im Rudel innehaben, ohne jedoch öffentlich als dominant zu gelten. Sie sind vielmehr aktive, selbstsichere Hunde, die gern ihre soziale Potenz in zufälligen Hundebegegnungen unter Beweis stellen wollen.

82. Körpersprache – Drohen: Woran erkenne ich bei einem Hund, dass er droht? ?

Drohverhalten ist im Gegensatz zum Imponieren (→ Frage 86) immer auf einen Gegner gerichtet. Dabei lässt sich offensives, sicheres Angriffsdrohen vom defensiven, unsicheren Abwehrdrohen unterscheiden.

➤ Der offensiv drohende Hund starrt den Gegner nieder, bleckt mit mehr oder weniger geöffnetem Fang die Zähne im vorderen Schnauzenbereich mit runden Maulwinkeln und legt Nasenrücken und Stirn in Falten. Zusätzlich wird die Rute über den Rücken nach vorn gelegt und der Kopf leicht gesenkt. Gleichzeitig knurrt er grollend oder er bellt.

➤ Hunde, die aus Unsicherheit und Angst drohen, um möglichst eine Distanzvergrößerung zum »Angstmacher« zu erreichen, haben eine lange, spitze Maulspalte, nach hinten gelegte Ohren, einen abgewandten Blick und geweitete Pupillen. Zusätzlich runzeln sie die Nase und entblößen die Zähne unter grollenden Knurr- und Bell-Lauten bis zum Maulwinkel.

83. Körpersprache – Eifersucht: Wenn sich mein Mann und ich umarmen, drängt sich unser Hund dazwischen. Ist er eifersüchtig? ?

Es gibt generell kein »eifersüchtiges« Verhalten als solches bei Hunden. Allenfalls kann es zur Konkurrenz um bestimmte Ressourcen, also auch um Rudelmitglieder kommen, in deren Verlauf ein weiteres Rudelmitglied durch ein Dazwischendrängen von der geliebten Bezugsperson getrennt wird.
Häufig liegt aber ein anderer Grund für dieses Verhalten vor. So bedeuten ein Handschlag oder eine Umarmung zweier Menschen über dem Kopf des Hunds

unter Umständen eine Drohgeste, die er durch ein beschwichtigendes Anspringen oder »Pföteln« zu deeskalieren versucht.

84. Körpersprache – Hand ins Maul nehmen: Warum nimmt mein Hund gelegentlich meine Hand in sein Maul und führt mich herum?

Mit dieser positiven Sozialgeste signalisiert er: »Ich bin dein Freund.« Andererseits können Hunde mit dieser Form des direkten Körperkontakts ähnlich wie mit Anspringen, »Pföteln« oder Schnauzestoßen den Menschen zum Spielen auffordern. Dabei sollte gegenseitiges Vertrauen auf der Basis einer perfekt erlernten Beißhemmung auf der einen und genereller Verzicht auf Strafe, insbesondere Maßregelung durch Hände, auf der anderen Seite herrschen.

85. Körpersprache – Hinterbein nach außen drehen: Mein Hund dreht gelegentlich ein Hinterbein nach außen, wenn er sitzt oder liegt. Warum tut er das?

Dieses Verhalten zeigen bereits Welpen. Zunächst dreht die Mutterhündin die Welpen mit der Nase auf den Rücken, indem sie im Bereich der Hintergliedmaßen die Kleinen regelrecht aushebelt. Der anfängliche Schreck darüber wandelt sich bei den Welpen schnell in Wohlbehagen, da die Mutter unmittelbar mit dem Lecken des Bauchs (→ Frage 5) beginnt. Kurz darauf legen sich die Kleinen bei Annäherung der Mutter entweder von selbst auf den Rücken, oder sie drehen eines der Hinterbeine nach außen, damit sie die Hündin schneller umdrehen kann. Erwachsene Hunde setzen dieses Auswärtsdrehen auch als Unterwürfigkeits- bzw. beschwichtigende Geste bei Annäherung eines Sozialpartners ein, um mütterliche Reaktionen auszulösen bzw. um Aggressionen zu verhindern.

86. Körpersprache – Imponieren: Wie sieht Imponiergehabe beim Hund aus?

?

Imponierverhalten ist zunächst eine hoch ritualisierte »Show« und signalisiert eine prinzipielle Bereitschaft zum Streit. Es besteht aus vielen einzelnen Verhaltenselementen, die alle eine ausgeprägte Sicherheit im Sozialverhalten und ein Wissen um die eigene körperliche Stärke und psychische Potenz voraussetzen. Durch Imponieren soll erreicht werden, dass der Gegner die Individualdistanz respektiert und einhält.

DIE STIMMUNG AN DER SCHWANZHALTUNG ERKENNEN

Rutenbewegungen drücken vielfältige und voneinander völlig verschiedene Stimmungen aus. Sowohl die Haltung als auch die Bewegung der Rute hat Informationscharakter.

Normal entspannt: Hunde, die der Stammform Wolf ähneln, halten die Rute s-förmig gebogen nach unten hängend. Andere Hunde halten den Schwanz rassetypisch aufrecht, geringelt oder kopfwärts gerichtet.

Imponiergehabe: Der Schwanz sicherer oder drohender Hunde ist hoch aufgerichtet und bewegt sich leicht hin und her.

»Vorsichtig, Überfall droht!«: Der Hund wedelt leicht mit niedrig bis horizontal getragener Rute.

Ängstlich-nervös und gleichzeitig aggressiv: Der Hund wedelt mit heruntergezogener Rute etwas steif.

Freude, Aufmerksamkeit, aktive Demut: Der Hund wedelt schnell mit erhobener Rute.

Angst, Unterlegenheit, passive Demut: Der Hund steht oder liegt auf dem Rücken, die Rute hält er zwischen den Beinen ruhig oder mit leichtem Wedeln eng an den Bauch gepresst.

Ein klassisches Beispiel ist das Imponiergehabe zweier gleichwertiger potenter Rüden, um eine Eskalation zu vermeiden. Sie stehen voller Selbstvertrauen auf steifen, leicht nach vorn geschobenen Beinen in voller Größe mit hochgerecktem Hals und Kopf. Mitunter umkreisen sie sich auch mit langsamen, staksenden Schritten oder verharren in der T-Stellung (→ Frage 59). Die Rute wird steil nach oben tragend angeberisch zur Schau gestellt, die Haare können vom Nacken bis zum Schwanzansatz etwas aufgestellt sein (→ Frage 57). Zudem setzen sie ein demonstratives »Pokerface« auf mit aufrecht und nach vorn gerichteten Ohren und stehen mit leicht abgewandtem Blick und kurzer Maulspalte vor dem Gegenüber. Ab und an knurren sie. Weitere Elemente des Imponierverhaltens sind das Imponierharnen (→ Frage 123), das Imponierscharren nach dem Harnabsatz (→ Frage 112), das Ablegen der Pfote oder des Kopfes auf der Schulter des Gegners (→ Frage 87), Schieben mit der Breitseite, Abdrängeln des Artgenossen und Verhindern, dass er weiterläuft (Bodycheck, → Frage 77), das klassische Halsdarbieten, das provozierende Jagen und dichte Verfolgen des Gegners, ohne diesen wirklich einholen zu wollen, sowie das Tragen von Beute.

87. Körpersprache – Kopf auf Rücken legen:

Auf der Hundewiese kann ich oft beobachten, dass ein Hund über einem anderen steht oder seinen Kopf bzw. seine Pfote auf dessen Rücken legt. Was bedeutet das?

Häufig bedeutet dieses Verhalten nichts Gutes! Denn der Hund, der seinen Kopf oder seine Pfote auf den Rücken des Gegenübers legt, zeigt provozierendes Imponierverhalten im Verlauf einer (Hunde-)Begegnung (→ Frage 86). Ab und an wird die Pfote regelrecht in die Körperseite des Sozialpartners gestemmt. Den weiteren Verlauf des Treffs regelt meist imponierendes Drohfixieren des Provokateurs.

Kopfauflegen kann ebenso eine normale soziale Annäherungsgeste wie etwa beim Paarungsverhalten sein.

88. **Körpersprache – Kopf reiben am Menschen: Meine Hündin reibt häufig ihren Kopf bzw. ihre Schnauze an meinem Bein. Was will sie mir damit sagen?** ?

Liegt oder sitzt der Hund in engem Kontakt zum Menschen, so drückt dies tiefes Vertrauen aus. Generell gehören Berührungen wie Anlehnen, Aneinanderreiben mit Kopfzuwendung und Kopfreiben bei stabilen Mensch-Hund-Beziehungen zum Alltag. Meist wird zuerst per Reiben oder sonstigem Körperanschmiegen der Kontakt zum Sozialpartner hergestellt, um sich dann zum Ruhen oder Schlafen an oder auf den Partner zu legen. Diese Ruhephasen werden dann zum Teil durch gelegentliche Aufforderungen zum Streicheln durch Anstupsen oder Schnauzereiben unterbrochen, wobei Letzteres regelrechten Aufforderungscharakter zur sozialen Körperpflege besitzen kann, nach dem Motto: »Bitte pflege mich!«

89. **Körpersprache – Mit Hinterteil an Halter drängen: Meine Hündin drängt sich mit ihrem Hinterteil rückwärts an mich und stößt rhythmisch gegen meine Beine. Was bedeutet dieses Verhalten?** ?

Miteinander vertraute Hunde drängen ihr Hinterteil gegen den befreundeten Artgenossen und wenden dabei ihr Gesicht beschwichtigend ab. Diese schöne Geste zeigen Hunde etwas abgewandelt auch gegenüber ihren Besitzern, besonders bei Begrüßungen oder in harmonischen Momenten. Es ist ein echter Freundschaftsbeweis unserer Hunde und drückt neben der Freundlichkeit auch ein hohes Maß an Vertrauen und tiefe soziale Bindung aus.

90. Körpersprache – Niesen: Mein Hund niest manchmal, obwohl er nicht erkältet ist. Was bedeutet das?

?

Wenn die Tiere nicht erkältungsbedingt niesen, kann man das stoßweise Ausatmen durch die Nase zu den Komfortverhaltensweisen (→ Seite 247) zählen. Hunde pflegen sich, indem sie gleichzeitig mit beiden Pfoten nach vorn das Gesicht »abwischen«, um anschließend gründlich an den Pfoten zu riechen. Dabei niesen, schnaufen und schmatzen sie häufig. Nach einer dermaßen vollführten Gesichtsmassage fühlen sich die Hunde wohl. Aber auch bei Erregung, Verunsicherung oder Angst niesen und schnaufen Hunde, um sich wieder wohlfühlen zu können. Hier dient das Niesen demnach als sogenannte Coping-Strategie (→ Info, Seite 121) dem Stressabbau.

91. Körpersprache – Ohrenstellung: Spielen die Ohren in der Körpersprache der Hunde eine Rolle?

?

Ja, denn die Stellung der Ohren, ihre Bewegung sowie der Öffnungsgrad können neben anderen optischen Signalen einen Einblick in die Motivation und in den derzeitigen Gemütszustand des Hunds geben. Natürlich ist es schwierig, bei der rassebedingten Vielgestaltigkeit der Ohren pauschal die entsprechende Bedeutung zuzuordnen. Ganz unmöglich ist dies bei allen extremen Formen, wie bei übermäßig schweren Hängeohren oder kupierten Ohren (→ Info rechts). Dennoch lassen sich vereinfacht einige Standardvarianten benennen. So halten die Vertreter mit »Stehohren« ihre Ohren aufrecht und nach vorn gerichtet, wenn sie neutral bis aufmerksam sind, aber auch beim Jagen, Imponieren oder sicheren Drohen. Beim Imponieren wird beispielsweise die Ohrwurzel nach vorn bewegt, wodurch das schmaler gewordene Ohr sich leicht nach vorn neigt. Um die jeweiligen Geräusch-

signale lokalisieren zu können, werden die Ohren aufgestellt und in Richtung der Geräuschquelle gedreht. Im freundlichen Kontakt mit dem Menschen werden sie manchmal auf und ab bewegt. Werden die Ohren nach hinten gestellt bzw. gelegt, so kann dies unterwürfige Freundlichkeit, Demut, defensives Drohen oder Angst bedeuten. Während bei der Demut die Ohren auch horizontal abgespreizt und nach unten gedreht sein können, haben ängstlich-unsichere Hunde die Ohren meist nach hinten abgeklappt und eng anliegend.
Vertreter der »Schlappohren« sind hingegen stark eingeschränkt, was den Inhalt der Ohrsignale betrifft. So können sie beispielsweise nur mehr die Ohrwurzeln nach vorn ziehen, um aufmerksam zu wirken.

MISSVERSTÄNDNISSE ZWISCHEN HUNDEN VERSCHIEDENER RASSEN

Einigen Rassehunden ist es nur mehr eingeschränkt möglich, sich über optische Signale zu verständigen. Dadurch sind Kommunikationsschwierigkeiten und Missverständnisse unter Hunden und zwischen Mensch und Hund vorprogrammiert.

Kupierte Rute bzw. Ohren: Solche Hunde sind nicht mehr in der Lage, sich in diesem Bereich auszudrücken und Stimmungen von sich selbst zu übermitteln.

Langhaarige Hunderassen: Bedecken deren Gesichtshaare die Augenpartien, können sie mit den Sozialpartnern Hund und Mensch keinen Augenkontakt mehr aufnehmen. Gleichzeitig kann weder ihr Drohfixieren noch Blinzeln vom Gegenüber wahrgenommen werden.

Extreme Kurz- oder Langhaarrassen: Ihnen gelingt es nicht mehr, empfundenen Stress über ein Sträuben der Haare (Piloerektion) anzuzeigen.

Übermäßige Faltenbildung im Kopfbereich mit extremer Lefzenausdehnung und sehr kurzem Fang: Solche Hunde können bei »Streitgesprächen« nicht artgemäß drohen und verwarnen. Die Lefzen sind lediglich gespannt, und weder Hund noch Mensch können in einem Gesicht voller Falten sehen, ob beim Stirnrunzeln noch ein oder zwei hinzugekommen sind.

92. Körpersprache – Parallel laufen: Ich habe Hunde beobachtet, die parallel nebeneinander liefen. Warum machten sie das?

Insbesondere Hunde eines Rudels oder befreundete Tiere zeigen in bestimmten Situationen ein regelrechtes »Paarlaufen«. Dieses Nebeneinanderher- und Umeinanderherumlaufen kann auch mit Drängeln und nachfolgendem körperlichem Kontakt oder Spiel einhergehen und ist zumeist freundlich gemeint.

93. Körpersprache – Pfote heben: Was will mir mein Hund sagen, wenn er seine Pfote hebt?

Ursprünglich diente das Pföteln dazu, den Milchfluss anzuregen. Erwachsene Hunde heben die Pfote, um

DEMUTSVERHALTEN ERKENNEN

Die vielfältigen Demutsgesten dienen der Beschwichtigung zwischen Tieren im Streit sowie bei Auseinandersetzungen im Rudel von verschiedenen Rangpositionen aus. Dabei können sich Hunde aktiv oder passiv demütig verhalten.

➤ **Aktives Demutsverhalten:** Das aktiv Demut zeigende Tier pfötelt, leckt die Schnauze des Sozialpartners oder die eigene, um so auch über Entfernung beschwichtigen zu können. Es stupst gegen die Maulwinkel des anderen, wedelt schnell mit dem Schwanz, springt vorn am Sozialpartner hoch, trampelt mit eingeknickten Hinterläufen, winselt, fiept oder bellt vielgestaltig und zeigt ab und an Unterwürfigkeitsurinieren.

➤ **Passives Demutsverhalten:** Bei der passiven Form des Demutsverhaltens reagieren die Unterlegenen gezwungenermaßen auf die Bedrohung oder das Imponierverhalten des Sozialpartners, indem sie sich selbst in eine passive Position begeben. Sie machen sich dabei häufig klein, rollen sich auf den Rücken, legen sich vorsichtig nieder und stellen sich unbeweglich tot. Der Schwanz wird generell niedrig und ohne Wedeln ruhig gehalten.

damit aktive Demut auszudrücken bzw. um Streitgespräche zu beenden. Natürlich kann »Pföteln« auch Aufforderungscharakter bis hin zum aufdringlichen Verhalten haben, welches unter Hunden nicht selten ein Verwarnen des dreisten »Pfötlers« zur Folge hat. Auch Menschen gegenüber wird dieses Verständigungssignal in der gleichen Funktion gezeigt.
Davon abzugrenzen ist das Pfoteheben bzw. Anwinkeln des Vorderbeins im Kontext des Jagdverhaltens. Dann wird es »Vorstehen« genannt (→ Frage 214).

94. Körpersprache – Stimmung erkennen: An welchen Körperteilen lässt sich die Stimmung eines Hunds ablesen? ?

Viele Hunde kommunizieren untereinander und auch mit dem Menschen immer noch vorrangig über Mimik und Gestik im Kopfbereich sowie über bestimmte Körperhaltungen und Bewegungen der Gliedmaßen und der Rute. Besonders im Bereich des Kopfes haben einige Hunderassen, wenn auch nicht mehr so variantenreich wie der Wolf, vielseitige Möglichkeiten, über Haltung und Bewegung von Augen, Ohren und Veränderungen im Nasen-Lefzen-Maul-Bereich ihre Informationen dem Sozialpartner zu übermitteln. Aber auch über die Art und Weise der Kopfhaltung, über Körperspannung, Stand der Rückenhaare und Rutenstellung sind nonverbale »Gespräche« und die Übertragung von Stimmungen möglich.

95. Körpersprache – Stirn runzeln: Warum runzeln Hunde manchmal ihre Stirn? ?

Die Stirn ist ein optisches Ausdruckselement. Während bei glatter Stirnhaut die Hunde entweder ängstlich, demütig oder neutral sein können, legen sicher oder unsicher drohende Hunde ihre Stirn mehr oder weniger stark in Falten. Dabei sind Vertreter von

Rassen mit vielen Falten im Gesicht eindeutig im Nachteil (→ Info, Seite 79).

96. **Körpersprache – Stress erkennen: Woran erkenne ich, dass mein Hund gestresst ist?**

Es gibt positiven und negativen Stress (→ Info rechts), nur Letzterer ist gesundheitsschädlich. Die Anzeichen von negativem Stress bei Hunden sind vielfältig. Er führt zur Abnahme von Leistungsfähigkeit und Aufmerksamkeit und gefährdet das Überleben. Beispiele für Folgen erlittenen Di-Stresses sind:

- Stereotypien (→ Tabelle, Seite 232/233)
- Gestörter Schlaf-Wach-Rhythmus ohne erholsame Tiefschlafphasen (→ Frage 271)
- Wegfall entspannender Körperpflegehandlungen
- Aufmerksamkeitsdefizite, Hyperaktivität
- Schwierigkeiten beim Entspannen, Konzentrieren
- Reduziertes oder nicht mehr stattfindendes Erkundungsverhalten und Spielen
- Apathie und Depressionen
- Ängste, Phobien und Phobophobien (→ Seite 248)
- Beeinträchtigung des Lernvermögens
- Aggressionen, Jagen von Sozialpartnern
- Erlernte Hilflosigkeit

97. **Körpersprache – Trauer: Der ältere unserer Hunde ist gestorben. Der andere Hund winselt nun dauernd. Kann es sein, dass er trauert?**

Während einige Kritiker nur dem Menschen die Fähigkeit zur Trauer zuschreiben, gibt es mittlerweile viele wissenschaftliche Ansätze, dass auch hoch soziale Tiere wie Hunde in der Lage sind, nicht nur positive Emotionen wie Freude, sondern ebenso Kummer, Leid und Trauer zu empfinden. Verlieren Hunde ihren Bindungspartner, so sind sie verwirrt, in sich gekehrt, depressiv, verschlossen, spielen, schlafen, essen und trinken weniger oder gar nicht mehr, sind gegenüber Sozialpartnern abweisend, ängstlich oder gar aggressiv, werden häufiger krank, winseln und heulen und haben keinerlei Interesse an der Umwelt – sie leiden!

98. Körpersprache – Vorderkörpertiefstellung: Was will ein Hund damit ausdrücken, wenn er Vorderkörper und Kopf tief nach unten beugt und mit dem hochgereckten Po und dem Schwanz wackelnd verharrt?

?

Aus der beschriebenen Haltung, der Vorderkörpertiefstellung, springen die Hunde plötzlich nach oben

FORMEN VON STRESS

➤ **Positiver Stress (Eu-Stress):** Unter einem positiven Stress versteht man einen kontrollierbaren Zustand der körperlichen, geistigen und emotionalen Belastung, der gesund erhält und über den der Hund wichtige Erfahrungen fürs (Über-)Leben sammelt. Dieser »gute« Stress ermöglicht eine aktive Teilnahme am Leben und steigert bei moderaten Belastungen und zwischengeschalteten Erholungsphasen die eigene Fitness und sichert damit das Überleben.

➤ **Negativer Stress (Di-Stress):** Bei negativem Stress kann der Hund die auf ihn einwirkenden Reize aus der Umwelt nicht (mehr) adäquat verarbeiten. Er scheitert zunehmend in der Auseinandersetzung mit täglichen Problemen. Die Hunde fühlen sich zeitweise oder dauernd unwohl und leiden. Dieser »schlechte« Stress ist für das betroffene Tier besonders dann nachhaltig schädlich, wenn er chronisch auftritt. So verringert sich für Hunde in Isolation (Zwinger, Anbindehaltung, Leinenzwang etc.) drastisch die normalerweise erfahrbare Reizvielfalt, sie können nachfolgend nicht mehr angemessen auf Reize aus der Umwelt reagieren. So verlernen sie, sich erfolgreich mit bestimmten Alltagssituationen auseinanderzusetzen.

und vollführen eine Reihe von »Bocksprüngen«, um den Artgenossen zum Spiel zu animieren. Daran können sich gegenseitige »Jagdattacken« anschließen. Dabei bellen sie oft sehr lautstark.
In der Zeit der »Brautwerbung« zeigen sowohl Rüde als auch Hündin diesen »Balztanz«, um den jeweiligen Partner zu umwerben.
Wird ein Hund angegriffen oder gejagt, dann zeigt er ebenfalls diese Körperstellung, um so in einem Abstand von einigen Metern seitlich vor dem Gegner bei dessen Angriff wegspringen zu können und so einen Bodycheck oder ein Umrennen zu vermeiden. Dabei ist der Kopf angehoben und der konzentrierte Blick auf das Gegenüber gerichtet.

99. Körpersprache – Zähneklappern: Warum klappern Hunde mit den Zähnen? ?

Beim Gebissklappen oder -klappern vollführt der Hund mehrfach schnell hintereinander Beißbewegungen in Richtung des Gegners, um diesen auf Abstand zu halten oder Sekundenbruchteile später zuzubeißen. Das Zusammenschlagen der Zähne ist dabei deutlich zu hören. So muss der mit den Zähnen klappernde Hund nicht unbedingt nah beim Gegner sein. Dies ist besonders dann nützlich, wenn sich das drohende Tier nicht sicher ist und als bereits häufig angegriffenes Tier nicht in einen Kampf verwickelt werden möchte. Natürlich können Hunde auch vor Erregung oder Hyperaktivität mit den Zähnen klappern.

100. Körpersprache – Zähne zeigen: Mein Hund zeigt anderen Hunden die Zähne. Welche Bedeutung hat das? ?

Zähneblecken ist häufig, aber nicht immer aggressiv gemeint. So ziehen »lachende« Hunde die Oberlippe bei leicht geöffnetem Fang kurz über die Schneidezähne nach oben. Dies hat aber nichts mit Aggression zu tun (→ Frage 71). Auch können Hunde ihre Zähne zeigen, wenn sie zum Spiel auffordern (→ Frage 74). Deshalb sollte das Zähneblecken nicht als Einzelelement, sondern vielmehr in Verbindung mit dem Gesamtverhalten des Hunds bewertet werden! Zeigen Hunde in Konfliktsituationen die Zähne, dann ziehen sie die Lefzen mehr oder weniger hoch und reißen den Fang unterschiedlich weit auf. Ein offensiv drohendes Tier zeigt in der Regel nur die vorderen Zähne bei kurzer, runder Maulspalte, während beim defensiven Abwehrdrohen häufig bei lang nach hinten gezogener Maulspalte die gesamten Zahnreihen entblößt werden – eine Beißdrohung bei extremer Unsicherheit. Dabei kräuselt und faltet sich die Haut im Bereich des Nasenrückens (Nasenrückenrunzeln), der Hund knurrt mehr oder weniger grollend.

Eine Spielbeute tragend und schelmisch aus der Vorderkörpertiefstellung heraus blickend will der Hund nur eines: Spielen!

101. Markieren – Sozialpartner: Weshalb markieren Hunde ab und an ihre Artgenossen oder auch Menschen?

Wird ein Sozialpartner – egal, ob Artgenosse oder Mensch – aus dem eigenen oder einem fremden Rudel mit Urin markiert (Subjektmarkieren), kann dies eine Demonstration von Ranghöhe darstellen. Das Verhalten tritt jedoch auch ebenso häufig als Übersprunghandlung bei Stress, in Situationen einer gesteigerten

Erregungslage oder auch bei Mangel an geeigneten Markierobjekten auf (→ Frage 260). Auch werden oft Fremde verstärkt im hundeeigenen Revier markiert. Rüden markieren Weibchen und Welpen der Gruppe, um durch den Gruppengeruch die Rudelmitglieder auch in Situationen der Trennung (Jagd, Kämpfe, Dunkelheit) schnell wiedererkennen zu können.

102. Mutterschaftsdepressionen: Gibt es Mutterschaftsdepressionen auch bei Hündinnen?

Ja, auch bei Hündinnen lässt sich hin und wieder eine mangelhafte oder gar fehlende Welpenfürsorge beobachten (»Mutterschaftsdepression«). So säugen sie ihre Welpen nicht ausreichend oder lassen sie längere Zeit allein im Welpennest zurück und ignorieren weitestgehend das Welpenwinseln. Neben angeborenen Ursachen werden Stress im Umfeld, hormonelle Störungen oder krankhafte Veränderungen beispielsweise der Milchleiste angenommen. Organgesunde Mutterhündinnen, die selbst keinen optimalen Lebensstart erfahren haben, scheinen bevorzugt unter diesem unnormalen depressiven Verhalten zu leiden.
Hündinnen mit Mutterschaftsdepression sollten von der Zucht ausgeschlossen werden.

103. Paarung – Ablauf: Wie verläuft eine Paarung?

Bereits in der Vorranz zeigen die Rüden Interesse an der Hündin mit Urin- und Genitallecken. Zu diesem Zeitpunkt wehrt die Hündin den Rüden zumeist noch durch Drohen, schrille Quieklaute, schnelle Schnappbewegungen und rasches Wegdrehen ab. Oder sie lädt ihn mit Vorderkörpertiefstellung zum Spiel und Folgelauf ein. Mit fortschreitender Hitze fordert die Hündin durch Präsentieren ihrer Scham, häufigeren Urinabsatz in kleinen Portionen, teilweises Spritzharnen (→ Info, Seite 98) und Herandrängen förmlich zur

Paarung auf. Der Rüde reagiert mit neuerlichem intensivem Urinschlecken, mit typischen Schnatterbewegungen der Schneidezähne, ausgiebigem Genitalriechen und -lecken an der Hündin, herandrängenden Trippelbewegungen, Winsellauten und Aufsprungversuchen. Erst wenn die Hündin mit zur Schau gestellter Scham stehen bleibt und sich eindeutig mit dem Hinterteil an den Partner drängt, ist sie paarungswillig.

104. Paarung – Hängen: Was versteht man unter dem Begriff »Hängen«?

Nach der Kopulation schwillt der Penis an, wodurch die beiden Hunde über längere Zeit miteinander verbunden bleiben. Der Rüde steigt nach der Ejakulation von der Hündin herunter und dreht sich dabei um 180°, sodass beide nun Hinterteil an Hinterteil für 30 Minuten und länger stehen, bis der Penis wieder abschwillt. Der biologische Sinn des Hängens ist, dass in dieser Zeit kein anderer Rüde die Hündin bespringen kann und er so wahrscheinlich seine Gene erfolgreich weitergeben kann.
Wird versucht, die Tiere während des Hängens gewaltsam zu trennen, oder werden sie beim Akt gestört oder vertrieben, so hat dies extrem schmerzhafte und häufig lebensgefährliche Verletzungen beider Tiere im Genitalbereich zur Folge.

INFO

Läufigkeit
Sie beschreibt den Zeitraum, in dem die Eizellen zu reifen beginnen und schließlich befruchtungsfähig werden. Der Name bezieht sich auf das Verhalten der Hündinnen, die in dieser Zeit besonders agil und unternehmungslustig sind. Nach dem Erreichen der Geschlechtsreife im Alter von 6 bis 24 Monaten werden Hündinnen in der Regel ein- bis zweimal pro Jahr läufig.

105. Paarung – Partnerwahl: Meine läufige Hündin begeistert sich für einen in meinen Augen »unwürdigen« Rüden. Nach welchen Kriterien wählte sie ihn aus?

Hündinnen treffen in der Regel die Auswahl ihres Sexualpartners, wobei die Kriterien nicht unbedingt mit den menschlichen Vorstellungen künstlicher Zuchtauslese übereinstimmen müssen. Natürlich sind körperlich fitte Kandidaten, die ihrem Habitus nach lebensfähige Nachkommen zu zeugen versprechen, gefragt. Obgleich ein Rüde mit hohem Sozialstatus und selbstbewusstem Auftreten gern als Partner genommen wird, ziehen die Hündinnen oft diejenigen Rüden vor, die davon unabhängig eine gute und behutsame »Brautwerbung« (Ranzverhalten) vollführen. Die künftigen Partner werden nicht nur geprüft, ob sie potenziell erfolgreiche »Welpennestbauer« sind, sondern ob sie über hohe Sozialkompetenz verfügen.

106. Paarung unter Geschwistern: Meine Hunde sind Geschwister. Muss ich sie räumlich trennen, wenn die Hündin läufig wird?

Hunde interessieren sich beim Sex weniger für die verwandtschaftliche Beziehung zueinander als vielmehr für sonstig stimmige Auswahlkriterien. Deshalb sollten Sie unbedingt beide Hunde während der Läufigkeit räumlich trennen, denn Lebewesen aus Inzuchten spricht man eine geringere individuelle Fitness zu.

107. Paarung verhindern: In unserer Nachbarschaft gibt es nur Rüden. Wann muss ich meine läufige Hündin angeleint Gassi führen, wenn ich nicht will, dass sie trächtig wird?

Die Anzeichen bevorstehender bzw. beginnender Läufigkeit sind individuell verschieden. Hündinnen markieren häufiger, zeigen ein gesteigertes Interesse an männlichen Artgenossen und streunen vermehrt. In der bis zu drei Wochen dauernden Vorranz schwillt die Scham an, und die Hündin zeigt die für diese Zeit typischen Blutungen. Indes ist die Hündin nur etwa zwei Tage wirklich aufnahmebereit (»Standhitze«), wenn die Blutung nach erfolgtem Eisprung in einen eher fleischwasserfarbenen Ausfluss übergegangen ist, bis auch dieser endet. Das hieße, man sollte die Hündin spätestens ab dem Zeitpunkt anleinen bzw. den Kontakt zu Rüden reglementieren, sobald ein Farbumschlag des Ausflusses von Rot zu Rosa und Hellrosa erfolgt. Aber auch noch einen halben bis ganzen Tag danach kann die Hündin bei eher gelblichem Ausfluss aufnahmebereit sein.

DOMINANZ UND SUBDOMINANZ

Dominanz: Der Begriff Dominanz beschreibt im biologischen Sinn nicht das Wesen oder den Charakter eines Tiers (»Gewinner«, »Boss« oder Ähnliches), sondern zeigt dessen Stellung in der Gruppe. Die möglicherweise daraus resultierende Rangordnung entsteht als Ergebnis einer Vielzahl kommunikativer Interaktionen zweier Hunde innerhalb eines Rudels.

Subdominanz: Subdominanz zeigt sich innerhalb einer sozialen Gruppe (Rudel), indem ein Hund seinem »Gesprächspartner« Achtung bezeigt sowie dessen höheren Sozialstatus im Moment der Auseinandersetzung nicht infrage stellt. Er ist in diesem Moment im Sozialstatus niedriger eingestuft.

Dominanz-Subdominanz-Verhältnis: Dominanz und Subdominanz beschreiben demnach immer ein Verhältnis zweier Individuen innerhalb einer sozialen Gruppe hinsichtlich des ausgehandelten Sozialrangs im Moment der Auseinandersetzung. Dieses Verhältnis ist nie statisch, sondern passt sich den Bedingungen in Abhängigkeit von Ort, Zeit, Gruppenstruktur, Angebot und individuellem Interesse an Ressourcen, negativen Stressoren, körperlicher Fitness und Erfahrungen aus der Vergangenheit an. Hat sich ein Hund ein oder mehrere Ressourcen erstritten, so kann er bei nächster Gelegenheit auch davon ablassen, weil er unter Umständen gelernt hat, dass ihn die vorherige Kommunikation zu arg gestresst hat.

108. Rassen – Dominanzunterschiede: Stimmt es, dass Pudel im Vergleich zu anderen Rassen weniger dominant reagieren?

Diese Annahme ist falsch. Es gibt keine Rassen, die per se als dominant oder als unterwürfig gelten können! Im Übrigen können sich auch Pudel gegenüber Sozialpartnern, insbesondere den Besitzern, durchaus sehr dominant verhalten, besonders dann, wenn die Menschen sich als inkompetente »Chefs« erweisen und die für den Hund lebenswichtigen Ressourcen nicht verwalten, sondern ohne Gegenleistung verschenken!

109. Rassen – Nicht bellen: Gibt es Hunderassen, die nicht bellen bzw. nicht bellen können?

Bellen gilt als das vielgestaltigste akustische Signal bei Hunden und wird bereits im Welpenalter gezeigt. Rein anatomisch ist hierfür ein ausreichend großer Kehlkopfbereich notwendig, über den die meisten Hunde verfügen. Hunde vom Urtyp, deren Lebensweise der der Wölfe ähnelt, wie Dingos oder Basenjis (»Congo Terrier«), verfügen nur über einen sehr flachen Kehlkopf, weshalb sie eher jaulen, heulen und knurren, jedoch nur sehr eingeschränkt und einsilbig »bellen« können. Basenjis zeigen diese Form der Lautäußerung kaum, einige Hunde dieser Rasse bellen tatsächlich niemals. Suchen Sie eine weniger bellfreudige Rasse, dann sollten Sie bedenken, dass Basenjis ihrer Veranlagung nach häufig unabhängig vom Besitzer agieren und extremes Jagdverhalten zeigen.

110. Rassen – Unterschiedliche Aggressivität: Gibt es Rassen, die aggressiver sind als andere?

Über den Einfluss der Gene auf Angst- und Aggressionsverhalten wird viel geforscht und kontrovers diskutiert. So sollen Hütehunde anfällig für Geräuschängste sein, Beagle eher mit ängstlichem Erstarren auf Bedrohung reagieren, während Terrier ihre Probleme lieber kämpferisch lösen. Wissenschaftlich gesichert ist jedenfalls die Tatsache, dass über einen züchterischen Einfluss die Reizschwelle für ängstlich-aggressives Verhalten verändert werden kann. Demzufolge ist es unsinnig zu behaupten, dass es aggressive Rassen, sogenannte Kampfhunde, gibt, sondern es existieren in jeder Rasse Zuchtlinien mit erniedrigter Reizschwelle und Toleranz gegenüber Stress. Die Hunde aus diesen Linien werden unter Umständen dann schneller und öfter Angst- und Aggressionsverhalten zeigen als ihre Artgenossen aus einer anderen Zuchtlinie.

111. Reviermarkierung – Kotabsatz: Weshalb setzt mein Hund seinen Kot meist auf einem Baumstamm ab?

Hunde verwenden neben ihrem Urin auch ihren Kot, um zu markieren. Die im Anus befindlichen

MARKIEREN

➤ **Wie wird markiert?** Markierungen werden durch Absetzen von Kot, Urin und Sekreten geruchlich sowie durch Scharr- und Kratzbewegungen optisch vorgenommen. Dabei werden Geruchsstoffe allgemein auf unbelebte Objekte oder den Boden (Objektmarkieren) oder belebte Dinge wie den eigenen Körper oder Rudelmitglieder (Subjektmarkieren) über die Körperausscheidungen übertragen. Diese Geruchsstoffe bezeichnet man auch als Pheromone (→ Info, Seite 96).

➤ **Warum wird markiert?** Markierungen dienen der territorialen Abgrenzung, der gegenseitigen Mitteilung über Zyklusstand und Paarungsbereitschaft sowie als Information über den jeweiligen Sozialstatus.

➤ **Ab wann wird markiert?** Hunde setzen bereits ab einem Alter von zwei bis drei Wochen zunehmend außerhalb des Kernterritoriums Kot und Urin ab.

Analdrüsen geben beim Absetzen von Kot ein öliges Sekret ab. Die Intensität dieser Geruchsmarke ist selbst für unsere menschliche Nase sehr deutlich und unangenehm wahrnehmbar. Neben dieser geruchlichen Markierung auf Nasenniveau platzieren sie ihren Kothaufen auch optisch sichtbar auf Baumstämmen oder Grashügeln. Der Kot dient so einer weithin sichtbaren territorialen Abgrenzung bzw. dem Anzeigen eines hohen Sozialstatus innerhalb eines Rudels.

112. Reviermarkierung – Scharren: Warum scharrt mein Rüde immer so heftig, nachdem er Kot oder Urin abgesetzt hat?

Diese Beobachtung kann nahezu jeder Hundebesitzer gelegentlich bei seinem »Schützling« machen. Insbesondere die Rüden scheinen dies häufiger und intensiver zu zeigen als Hündinnen. Dabei kratzen die Hunde mit den Vorder- und Hinterpfoten einzeln oder abwechselnd am Boden, wirbeln Staub, Erde und Gras auf und hinterlassen tiefe Rillen im Boden, während sie entweder (imponierend) auf ein Gegenüber blicken oder ohne die Anwesenheit Dritter scharren. Dieses Verhalten hat drei Funktionen: So dienen die Scharrbewegungen neben einer sichtbar gemachten Reviermarkierung vor allem der Verbreitung der körpereigenen Gerüche sowie der optischen Verstärkung eines gezeigten Imponierverhaltens. Sozial sichere Hunde zeigen im (Blick-)Kontakt mit Artgenossen Imponierscharren als Zeichen der Überlegenheit und als mögliche unterschwellige Drohung (→ Frage 82).

113. Scheinträchtigkeit: Woran erkenne ich, ob meine Hündin scheinträchtig ist, und was kann ich dagegen unternehmen?

Nach jeder Läufigkeit, egal, ob die Hündin gedeckt wurde oder nicht, bereitet sich der Körper des Tiers

hormonell auf eine Trächtigkeit vor, indem die Eierstöcke ca. acht Wochen lang das Schwangerschaftshormon Progesteron bilden.
Typische Symptome der Scheinträchtigkeit sind ein Anschwellen des Gesäuges mit oder ohne Milchausfluss, gelegentliche Lustlosigkeit oder Launenhaftigkeit bis hin zu gereiztem oder gar aggressivem Verhalten und ein typisches Nestbauverhalten, indem die betroffene Hündin Decken oder Teppiche zusammenscharrt und Wurfnester unter Schränken, Tischen oder in abgelegenen Winkeln des Hauses baut. Sie trägt Plüschtiere als »Quasi-Welpen« umher, versorgt, beschnüffelt und beleckt sie. Wenn nötig, verteidigt sie diese auch.
Scheinträchtigkeit ist ein normales, hormonell gesteuertes Verhalten. Es klingt nach spätestens vier bis sechs Wochen von selbst wieder ab. Wichtig wäre, jegliches Nestbaumaterial (Kissen, Decken) und potenzielle »Welpen« (Schuhe, Plüschtiere) der Hündin wegzunehmen und das Tier intensiv körperlich wie geistig durch abwechslungsreiche Spaziergänge in wechselnden Territorien auszuarbeiten.

Ein kräftiges Scharren nach dem Toilettengang hat auch »Show-Wert«.

114. Schlittenfahren: Weshalb rutscht mein Rüde ab und an mit dem Hinterteil über den Boden?

Dieses Verhalten wird »Schlittenfahren« genannt. Dabei leckt und beißt der Hund teilweise heftig an der Analregion und reißt ab und an sogar Haare in diesem Bereich aus. Die Ursache für derartiges Verhalten sind zumeist mehr oder weniger stark gefüllte Analbeutel, deren eigentliche Aufgabe darin besteht, den Kotabsatz durch das dabei ausgedrückte Sekret zu erleichtern. Haben Hunde jedoch eine Zeit lang eher weicheren Stuhl, so werden die Analbeutel beim Kotabsatz nicht auf natürliche Art und Weise von selbst geleert, sie verstopfen dann. Die nachfolgende Sekretanschoppung bedingt einen Juckreiz oder gar eine Entzündung, die schlimmstenfalls zu einer Vereiterung der Analbeutel und Abszessbildung führen kann.
Als weitere Ursache kann Juckreiz infolge eines Wurmbefalls in Betracht kommen. Lassen Sie den Haustierarzt die Ursache abklären.

115. Schmatzen: Weshalb schmatzen Hunde, obwohl sie gar nichts fressen?

Hunde schmatzen nicht nur beim Fressen und Kauen, sondern sie sind über die schmatzenden Geräusche in der Lage, emotionale Zustände auszudrücken und vom Gegenüber zu verstehen. Die Schmatzgeräusche der saugenden Geschwister im kuscheligen Welpennest sind wohl die ersten akustischen Signale, die jeder Welpe wahrnimmt, sobald seine Ohrkanäle offen sind. Sie wirken extrem beruhigend, denn Welpen verbinden diese Geräusche mit dem angenehmen Gefühl satt zu sein. Im späteren Leben wenden Hunde dieses Schmatzen als Beschwichtigungssignal besonders in Situationen an, in denen eine eher negative Stimmung ins Angenehme zu wandeln ist, oder um die eigene Unterlegenheit bzw. Unterwürfigkeit zu demonstrieren. Durch Schmatzen können aber auch Sie Ihrem verunsicherten und ängstlich-ambivalenten Hund Freundlichkeit und Entspannung vermitteln.

116. Stress abbauen: Wie kann ich in stressigen Situationen meinem Hund helfen? ?

Geht der Stress von Ihnen aus, setzen Sie Beschwichtigungsgesten ein (→ Tabelle, Seite 71), die dem Hund signalisieren: keine Gefahr vonseiten des Besitzers! Hat Ihr Hund Angst vor belebter oder unbelebter Umwelt (→ Info, Seite 26), so ignorieren (→ Frage 163) Sie ihn im Moment des beginnenden Stresses, um ihn anschließend direkt (kommentarloses Anleinen und Wegführen) oder indirekt (Öffnen von Türen, Rückzug ermöglichen) vom Stress zu befreien. Wenn möglich, sollte der Stressor abgestellt werden.

117. Tod – Neuer Partner: Einer meiner Hunde ist gestorben. Muss ich dem anderen Hund sofort wieder einen Partner zugesellen? ?

Der Verlust eines Partnertiers veranlasst die Besitzer oft, dem zurückgebliebenen trauernden Tier sofort einen neuen Kumpanen zuzugesellen, ohne dass er sich vom toten Partner verabschieden kann. Was der zurückgebliebene Hund beim Beschnüffeln des toten Partners realisiert, ist derzeit wissenschaftlich ungeklärt. Es sollte uns jedoch der Respekt für die Bedürfnisse eines intelligenten und sozialen Lebewesens gebieten, diesem einen Abschied zu ermöglichen.

118. Totgeburt: Meine Hündin hatte eine Totgeburt. Kann ich ihr die toten Welpen gleich wegnehmen? ?

Nein! Verlieren Hündinnen ihre Welpen, so sind sie häufig verwirrt, in sich gekehrt, depressiv, erstarrt und verschlossen. Sie bewegen sich, spielen, schlafen, essen und trinken weniger oder gar nicht mehr, sind gegenüber anderen Sozialpartnern abweisend, ängstlich oder gar aggressiv, werden häufiger krank, winseln und heulen und haben keinerlei Interesse an der Umwelt – sie leiden!

Diese Stimmungstiefs und das Trauerverhalten lassen sich mittlerweile neurobiologisch bestimmten Hirnarealen zuordnen, was beweist, dass es durchaus einen Zusammenhang zwischen der Tatsache des Welpenverlustes und den resultierenden Reaktionen gibt. Lassen Sie Ihrer Hündin auf jeden Fall die Zeit, die sie braucht, um sich von ihren toten Welpen zu verabschieden. Erst wenn sie sich davon abwendet, können Sie diese entfernen.

PHEROMONE

Definition: Im Gegensatz zu »normalen« Gerüchen sind Pheromone (griech. *Phero* = übertragen; *horman* = anregen, stimulieren) soziale Duftstoffe, die allgemein zum Zweck der innerartlichen »chemischen« Verständigung von Hund zu Hund mehr oder weniger gerichtet in die Umgebung abgegeben werden.

Funktion: Sie lösen beim Gegenüber ein spezifisches Verhalten aus. So aktivieren weibliche Sexualpheromone das Fortpflanzungsverhalten beim Rüden. Sie liefern allesamt Informationen über Sozialstatus, Geschlecht, Zyklusstand etc.

Produktionsort: Pheromone werden in den unterschiedlichsten Körperregionen gebildet, so etwa im Enddarmbereich, in den Analdrüsen, den ebenfalls in der Afterregion liegenden Perianaldrüsen (kreisförmig um den Anus), in der Viol'schen Drüse am oberen Schwanzansatz sowie im Gesicht.

Anwendung: Einige Pheromone werden bereits synthetisch hergestellt, etwa das D.A.P. (Dog Appeasing Pheromon), und sind als Spray, Diffuser oder in Halsbänder eingearbeitet erhältlich. D.A.P. imitiert das in der Säugeperiode von der Mutterhündin produzierte natürliche Bindungs- und Beruhigungspheromon. Es verhilft Hunden bei Ängsten oder allgemeinem Alltagsstress zu mehr Sicherheit und Geborgenheit.

119. Urinabsatz auf Pfoten: Warum uriniert mein Rüde hin und wieder auf seine Pfoten? ?

Einige Hunde, insbesondere Rüden, scheinen sich gern in ihren eigenen Gerüchen »zu baden«, indem sie Urin teilweise auf die eigenen Pfoten absetzen. Dieses auf den eigenen Körper gerichtete Subjektmarkieren ist nicht zufällig, auch stellt sich der Rüde dabei nicht ungeschickt an. Das Verhalten dient vielmehr der Verbreitung körpereigener Gerüche, sogenannter Pheromone (→ Info, Seite 96), indem die Hunde anschließend durch Wälzen, Reiben, Entlangstreichen an zumeist senkrechten Gegenständen Objekte markieren, um sie territorial abzugrenzen. Außerdem verständigen sich die so parfümierten Tiere bei Hundetreffs per Geruch.

120. Urinabsatz – Beinheben der Hündin: Ist es normal, wenn auch Hündinnen ihr Bein beim Urinieren heben? ?

Gewöhnlich urinieren die meisten Hündinnen in der Hocke. Beim sogenannten Spritzharnen (→ Info, Seite 98) halten sie ein Hinterbein schräg nach vorn und urinieren höher und häufiger als sonst üblich.
Mit diesen geruchlichen Markierungen können sie Artgenossen unter anderem über ihren Zyklusstand informieren. Einige der »Hundedamen« zeigen dieses Verhalten besonders in der Läufigkeit.

121. Urinabsatz – Beinheben des Rüden: Weshalb heben Rüden eigentlich beim Urinieren ein Hinterbein? ?

Geschlechtsreife Rüden heben beim Urinieren bzw. Spritzharnen (→ Info, Seite 98) ein Hinterbein, wobei dieses nicht selten dermaßen hoch gehalten wird, dass der Rüde ab und an aus dem Gleichgewicht geraten

kann. Dabei werden durch häufiges Harnspritzen territoriale Geruchsbotschaften gesetzt und optische Signale beim Imponierverhalten (→ Frage 86) bekräftigt. Der Informationsgehalt ist also nicht nur rein geruchlicher Natur, sondern ein Beinheben hat vor allem »Show-Wert«! Einige der Tiere markieren so hoch wie möglich, um den »Lesern« der Nachrichten ihr Selbstbewusstsein mitzuteilen. Auch ist die Höhe der Markierungen wichtig, damit für lange Zeit die geruchliche »Präsenz« bestehen bleibt.
Tiere, die mit dem Beinheben sehr früh beginnen, sind später häufiger (nicht immer) an einer hohen Rangposition interessiert als andere.

122. Urinabsatz im Handstand: Man hat mir erzählt, dass besonders kleine Hündinnen sogar im »Handstand« Urin absetzen können. Stimmt das?

?

In der Zeit der Läufigkeit zeigen einige kleinwüchsige Hündinnen (rasseunabhängig) eine regelrecht zirkusreife Akrobatik, indem sie während des Harnabsatzes beide Hinterbeine vom Boden abheben und dabei quasi im Handstand urinieren. Grund dafür ist auch in diesem Fall, die Effektivität der Markierungen zu

INFO

Spritzharnen
Beim Spritzharnen setzt der Hund seinen Urin stoßartig in kleinen Mengen ab. Gezeigt wird dieses Verhalten häufiger von ranghohen Tieren innerhalb eines Rudels als von rangniederen Artgenossen. Aber auch unsichere und ängstliche Hunde mit unklarem Rangordnungsstatus fühlen sich mitunter durch das Setzen der Urinmarken sozial sicherer. Sie bestätigen damit ihre eigene Rangposition, ohne direkt mit den Rudelmitgliedern in Kontakt treten zu müssen oder zu können.

erhöhen (→ Frage 121). So schreiben sie an Häuserwänden oder Zäunen den »Hundemännern« in Nasenhöhe Mitteilungen, wann genau ein »Stelldichein« sinnvoll ist.

123. Urinabsatz – Spritzharnen: Weshalb setzen einige Hunde viel häufiger Urin ab als andere? ?

Die ranghohen Tiere zeigen innerhalb eines Rudels in der Regel häufiger ein Imponierharnen als die rangniederen Artgenossen. Dennoch lässt sich nicht pauschal folgern, dass ein selbstsicherer und ranghöherer Hund ein derartiges Verhalten zeigen muss. Auch unsichere und ängstliche Hunde mit unklarem Rangordnungsstatus fühlen sich mitunter durch das Setzen der Urinmarken sozial sicherer und bestätigen damit ihre eigene Rangposition, ohne direkt mit den Rudelmitgliedern in Kontakt treten zu müssen oder zu können.

124. Vorspringen und bellen: Stimmt es, dass es immer ein Zeichen von Aggressivität ist, wenn ein Hund vorspringt und bellt? ?

Nein, ein nach vorn springender und bellender Hund muss nicht automatisch eine Gefahr darstellen. Er kann auf diese Weise zum Spiel auffordern, wenn Mimik, Gestik und Körpersprache dazu passen. Der Hund springt in der Folge hüpfend um den Sozialpartner herum und lässt ein tonales und aufforderndes Spielbellen mit kurzen und schnellen Wiederholungen hören. Hunde springen jedoch auch laut bellend und knurrend auf einen Sozialpartner zu, wenn dieser sie ängstigt oder bedroht, um den potenziellen Gegner auf Distanz zu halten.
Verteidigt ein sicher drohender Hund offensiv eine Ressource, so gibt er ein echtes Drohbellen (→ Tabelle, Seite 47) von sich. Der kleinste Fehler des angebellten Sozialpartners kann zur Eskalation führen!

Angst und Aggression

Angst und Aggression sind durchaus normale und biologisch sinnvolle Verhaltensweisen, die den Hund vor Schäden bewahren und sein Überleben sichern können. Zu mutige Hunde hingegen sind leichtsinnig oder lebensmüde!

125. Aggression – Aggression gegen Halter: Unser Nachbar wurde von seinem Hund gebissen, während dieser mit einem Artgenossen kämpfte. War es falsch von ihm, sich in den Kampf einzumischen?

?

Ja. Befinden sich zwei Hunde in einem Konflikt und einer der Besitzer greift in diesem Moment ein, um den Kampf zu verhindern oder zu beenden, dann passiert es nicht selten, dass er vom eigenen Hund in einer umgerichteten Aggression (→ Tabelle, Seite 104/105) gebissen wird. Dabei ist mitunter schwierig zu unterscheiden, ob es sich hierbei tatsächlich nur um ein echtes umgerichtetes und damit mehr oder weniger zufälliges Aggressionsverhalten gegenüber einem vorab »unschuldigen Zuschauer« handelt oder ob es ein frustrationsbedingtes (→ Frage 17) und damit bewusstes Angriffsverhalten des Hunds gegenüber dem Besitzer ist, weil dieser ihn während des Streits unterbrochen oder daran gehindert hat.

126. Aggression – Kastration: Kann eine Kastration aggressivem Verhalten vorbeugen?

?

Nein, nur beim Auftreten einer echten hormonell abhängigen Konkurrenzaggression während der Läufigkeit ist eine Kastration bei Hündinnen unter Umständen zu rechtfertigen. Bei allen anderen Formen der Aggression (→ Tabelle, Seite 104/105) ist eine Kastration häufig erfolglos und kann erhebliche negative Nebenwirkungen haben. Durch die Kastration von Hündinnen werden die aggressionsdämpfenden weiblichen Hormone, die Östrogene, ausgeschaltet, sodass die auch von der Hündin gebildeten aggressionsfördernden Testosterone relativ höher konzentriert sind. Allerdings spielen bei Aggressionen wie bei allen übrigen Verhaltensweisen Lerneffekte mit bewusst oder häufig unbewusst trainiertem Verhalten durch den Menschen eine entscheidende Rolle. Durch eine optimale Sozialisation mit Menschen und Artgenossen lässt sich der etwaige Einfluss der Hormone auf aggressives Verhalten reduzieren oder sogar ausschalten.

127. Angst – Aggression: Ich habe gehört, dass ängstliche Hunde aggressiv werden können. Stimmt das?

?

Ja, denn Aggression hängt ganz allgemein betrachtet häufig mit Ängsten zusammen. Angst lässt sich als eine innere und äußere Stressreaktion des Körpers auf Bedrohung definieren, die als ein wesentlicher angeborener Schutzmechanismus gilt (→ Seite 246).
Dem ängstlichen Tier stehen prinzipiell vier Strategiemöglichkeiten zur Verfügung, um die Angst und den Stress zu bewältigen (→ Frage 129). Welche davon der Hund für sich persönlich als geeignete Methode zur Gefahrenabwehr in Zukunft nutzen wird, ist von der jeweiligen Situation, vom körperlichen Zustand, von der genetischen Veranlagung und vor allem von den Vorerfahrungen abhängig.

128. Angst – Beißen: Was muss vorgefallen sein, damit ein Hund zum »Angstbeißer« wird?

?

»Angstbeißen« ist eine erlernte Angstaggression in bestimmten Stresssituationen. Der ängstliche Hund begreift plötzlich, dass alles, was er an Meideverhalten gezeigt hat (→ Frage 129), keinen Erfolg brachte.
Wenn dann selbst ein anschließendes demonstriertes Drohverhalten mit Zurschaustellung seiner Kampfkraft (→ Frage 82) nicht helfen konnte, die Angst und den Stress zu bewältigen, wird er unter Umständen zubeißen. Dadurch lernt er für die Zukunft, sofort mit dem Drohen oder gar Schnappen und Beißen zu beginnen, da er nur damit wirklichen Erfolg hatte. Das heißt also, dass sich Menschen ihre »Angstbeißer« unfreiwillig selbst erziehen.

FORMEN DER

Es gibt eine Vielzahl von aggressiven Formen. Im Allgemeinen zielt eine Aggression mithilfe zahlreicher Kommunikationsformen beider Kontrahenten auf eine Distanzvergrößerung zum Gegner ab. Wie eine aggressive Interaktion ausgeht, hängt oft

Schmerz- oder schreckinduzierte Aggression: Hunde antworten in der Regel mit einer angeborenen, reflexartig ablaufenden Abwehrreaktion, die unter anderem auch in einer gezeigten Aggression bestehen kann. Ein Schmerzreiz, wie eine Injektion beim Tierarzt, kann eine sofortige unbewusste Abwehrreaktion ohne Situationsanalyse zur Folge haben.

Umgerichtete Aggression: Ersatzhandlung, die nicht auf ein herkömmliches, sondern auf ein alternatives Ausweichobjekt oder -subjekt gerichtet ist. So kann bei aggressiven Auseinandersetzungen zwischen zwei Rivalen ein bisher unbeteiligter Sozialpartner am Rand des Geschehens vom möglichen Verlierer des Streits bedroht oder angegriffen werden, weil dieser gerade verfügbar oder besser zu erreichen ist.

Spielerische Aggression: Bereits im Welpenalter gezeigte Aggression wie Zwicken in die Kleidung/den Arm oder Spielbeißen, vor allem bei Zerr- und Reißspielen (→ Frage 281). Sie ist zu diesem Zeitpunkt noch normal, kann jedoch später im Zusammenleben mit dem Menschen zu Problemen führen.

Territoriale Aggression: Übersteigerte und oft unbegründete Sorge des Hunds um das Kernterritorium (→ Info, Seite 113); um es zu verteidigen, attackiert der Hund Sozialpartner (Menschen und Artgenossen).

Hormonell bedingte Aggression: Gesteigerte Bereitschaft zu aggressivem Verhalten gegenüber Artgenossen des gleichen Geschlechts, bedingt durch die spezifischen Geschlechtshormone. Erste Auffälligkeiten diesbezüglich sind bei Rüden ab der Pubertät und bei Hündinnen während der ersten Läufigkeit bzw. im Anschluss an die Trächtigkeit oder auch während der ersten Scheinträchtigkeit zu beobachten.

Bei Hündinnen:

- Verteidigung der Welpen während der ersten Lebenswochen (mütterliche Aggression)
- Aggressives Verhalten in der Scheinträchtigkeit

AGGRESSION

damit zusammen, ob die Kommunikationsfähigkeit der betroffenen Hunde zur Konfliktlösung ausreicht oder ob die Hunde zu wenig Erfahrungen in früher Welpenphase oder negative Erlebnisse in der Vergangenheit hatten.

- Sogenannte Konkurrenzaggression gegenüber Artgenossinnen während der Läufigkeit (Östrogenhochstand)

Bei Rüden:
- Testosteronabhängige Konkurrenzaggression gegenüber Artgenossen

Innerartliche Aggression: Auseinandersetzung zwischen Hunden, die sich kennen oder nicht kennen bzw. zwischen Hunden, die zum Rudel gehören. Die Ursachen für die gezeigten ängstlich-aggressiven Verhaltensweisen sind vielschichtig.

Aggression zum Erwerb/zur Verteidigung von Ressourcen/ Objekten: Verteidigung wichtiger Ressourcen (Spielzeug, Besitzer) auf freiem Feld, etwa beim Zusammentreffen von Hunden, die sich bereits kennen und ein gleich starkes Interesse an einer Ressource (Stock oder Ball) bei gleichem momentanem körperlichem Zustand haben.

Krankheitsbedingte (pathologische) Aggression: Dazu zählen organische Störungen und Krankheiten, die mit Schmerzen, Taubheit oder Sehstörungen verbunden sind, aber auch alle neuronalen Erkrankungen und Veränderungen des Zentralnervensystems (Gehirn und Rückenmark) sowie Infektionen (wie Borreliose, Staupe, Hepatitis) oder die hormonelle Unterfunktion der Schilddrüse. Aggressionen, deren Ursache in einer Erkrankung zu suchen sind, treten typischerweise plötzlich und häufig ohne erkennbare Ursache oder Auslöser aus »heiterem Himmel« auf.

Sogenannte »Beuteaggression«: Sie ist keine Aggression, sondern ein Jagdverhalten. Das erkennt man daran, dass beim Jagen die Distanz zur Beute schnell und ohne Kommunikation (ohne soziale Interaktionen) verringert wird, mit dem Endziel, das Beutetier zu töten.

129. Angst bewältigen: Mit welchen Strategien bewältigen Hunde Angst?

Der ängstliche Hund hat prinzipiell vier Möglichkeiten, auf einen Angstauslöser zu reagieren. Zunächst wird er, wenn möglich, sich aus dem Gefahrenbereich durch Flucht zurückziehen, wobei diese Methode oft wenig Risiko und ein großes Maß an Sicherheit bedeutet. Lässt sich der Stress so nicht umgehen, kann er versuchen, durch Erstarren die Gefahr vorübergehen zu lassen. Eine weitere Möglichkeit, Angst und Stress zu vermeiden, ist die sogenannte Beschwichtigung (→ Tabelle, Seite 71).
Diese Verhaltensweisen, mit dem Begriff »Meideverhalten« zusammengefasst, führen in der Regel nicht zu einer unmittelbaren Beseitigung der Gefahr, sind jedoch durchaus sinnvoll, da sie eine Möglichkeit zum Stressabbau geben. Sind sie jedoch ohne Erfolg, kommt es zu aggressivem Verhalten als Notlösung. Vor dem eigentlichen Angriff mit Schnappen und Beißen in unterschiedlicher Heftigkeit und Gefährlichkeit zeigen viele Hunde erfreulicherweise noch ein Drohverhalten (Zähne blecken, Lefzen heben, Drohfixieren oder Nasenrücken runzeln) als letzte Warnung.

130. Angst – Biologischer Sinn: Warum haben manche Hunde Angst?

Jede Bedrohung, ob real oder eingebildet, löst bei Tieren eine Stressreaktion aus. Sie empfinden dabei Furcht. Dadurch werden in ihnen angeborene Schutzmechanismen ausgelöst, die die Hunde sofort reagieren lassen. Angst kann also normal und biologisch durchaus sinnvoll sein, bewahrt sie doch Individuen vor Schmerzen und Schäden und sichert unter bestimmten Umständen sogar ein Überleben!
Ist die Angst so groß, dass der Hund sein Verhalten nicht mehr kontrollieren kann, so leidet er unter einer mehr oder weniger starken Beeinträchtigung seiner

Lebensabläufe, wobei die Angst dann nicht mehr biologisch sinnvoll ist.

131. Angst erkennen: Woran erkenne ich, dass mein Hund Angst hat?

?

Die wichtigsten Symptome der Angst zeigen unsere Hunde in der Körpersprache. Sie zucken zusammen, schrecken zurück, gehen rückwärts, halten Abstand, stehen still, fliehen, drücken sich in eine Ecke oder auf den Boden. Sie zeigen das typische Angstgesicht (→ Foto, Seite 67). Der Körper ist zusammengezogen. Mit gesträubtem Fell, eingeknickten Vorderbeinen und unter dem Bauch eingeklemmtem Schwanz sind

ANGSTREAKTIONEN

Prinzipiell lassen sich zwei Wege unterscheiden, wie ein Hund auf einen bedrohlichen Reiz reagieren kann.

Unbewusste Abwehrreaktion: Sie läuft in einer unvorstellbar kurzen Reaktionszeit von etwa zwölf Millisekunden (!) ab. Kaum wird der bedrohliche Reiz über die Sinnesorgane wahrgenommen, so wird in automatisierter Form reflexartig vom Gehirn ein Abwehrsystem aktiviert. Die Reaktion des Hunds – Flucht oder Aggression – ist unbewusst und ohne Bewertung.

Bewusste Abwehrreaktion: Die Reaktionszeit dauert wesentlich länger (mindestens doppelt so lang), da nach dem Wahrnehmen des Reizes zunächst eine Bewertung im Gehirn stattfindet. Der Hund trifft eine eher bewusste und differenzierte Entscheidung, wobei nach eingehender Situationsanalyse abgewogen wird, ob reagiert werden muss oder nicht. Natürlich greift der Hund dabei auf bereits gemachte Erfahrungen in der Vergangenheit zurück.

Wichtig sind beide Reaktionen! Die Schnelligkeit einer unbewussten Abwehrreaktion sichert das Überleben des Hunds in einer Gefahrensituation, während der langsamere bewusste Weg die angeborenen Ängste durch Lern- und Lebenserfahrung an die jeweilige Situation anpassen kann.

sie unnatürlich verspannt und bereit, bei nächster Gelegenheit zu fliehen. Verlassen sie den »Ort des Grauens«, lassen sie häufig durch den Angstschweiß deutliche Abdrücke ihrer Pfoten zurück.

132. Angst – Richtig reagieren: Stimmt es, dass ich meinen ängstlichen Hund weder mit Worten noch mit Streicheln beruhigen darf? ?

Ja, denn dadurch wird sich der ängstliche Hund nicht beruhigen lassen, sondern Sie verschlimmern und steigern unter Umständen seine Angst. Der Hund erfährt durch Ihre Worte und Gesten eine Bestätigung seiner Angst, weil er dafür belohnt wird. Auch kann er Ihre plötzliche Aufmerksamkeit ihm gegenüber als Unsicherheit und Angst interpretieren.

133. Angst – Ursachen: Wodurch können Ängste entstehen? ?

Die weitaus häufigste Ursache für Ängste ist der Mangel an Erfahrungen und Kontakten mit der Umwelt. Alles was der Hund nicht bereits als Welpe stress- und angstfrei kennenlernen konnte, kann später zu Ängsten und Aggressionen führen. Aber auch Erfahrungen in bestimmten Situationen können zu bevorzugtem ängstlichem Meideverhalten (→ Frage 129) oder Aggressionen als Bewältigungsstrategie führen. Häufig verstärken die Besitzer bewusst oder unbewusst die

Der Kleine ist gut beraten, die »Unterhaltung« nicht vorschnell durch eine Flucht abzubrechen, um nicht gejagt zu werden.

Ängste oder Aggressionen ihrer Schützlinge durch ihr »Engagement« (→ Frage 132). Auch organische Störungen und Krankheiten, die mit Schmerzen, Taubheit oder Sehstörungen verbunden sind, beeinflussen das Angstverhalten.

134. Hierarchie im Rudel: Stimmt es, dass im Hunderudel wie im Wolfsrudel eine Hierarchie herrscht?

Unter Hierarchie versteht man ein Dominanz-Subdominanz-Verhältnis, das für eine gewisse Zeit feststeht, um später wieder neu ausgefochten zu werden. Dabei scheinen sich alle um die begehrte Alpha-Position zu streiten. Bislang wurde jedem in sozialen Strukturen eingebundenen Lebewesen unterstellt, dass es zeitlebens in der Hierarchie einer Gruppe aufsteigen will. Dieses Phänomen der »sozialen Expansion« scheint auf den ersten Blick durchaus plausibel zu sein, denn der Dominante hat dem Subdominanten gegenüber einige Vorteile hinsichtlich der Verfügung über lebenswichtige Ressourcen.

Doch nach neueren Erkenntnissen spricht man selbst bei Wölfen nicht mehr von Hierarchie, sondern von einer primären sozialen Einheit, die in der Regel aus Rüde, Fähe und den Nachkommen besteht. Statusbezogene aggressive Auseinandersetzungen sind selten, wohingegen spontane Beschwichtigungsgesten (→ Tabelle, Seite 71) als freundliche Kontaktaufnahme zum Sozialpartner täglich unzählige Male gezeigt werden und dadurch das Rudel zusammenhalten.

135. Rangordnung einhalten: Was spricht eigentlich dagegen, dass der Hund auf der Couch oder im Bett schläft?

Das gemeinsame Ruhen auf dem Sofa oder Bett wird häufig von Mensch wie Hund als angenehm empfunden. Deshalb wird die Forderung, dass der Hund stets runter vom Sofa und raus aus dem Bett soll, mit verständnislosem Blick beantwortet. Erhöhte Plätze sind jedoch häufig »Chefsache« (→ Frage 138) und können als eine wichtige Ressource zum Streitpunkt im gemischten Rudel führen. Auch wenn der Hund diesbezüglich keinerlei Schwierigkeiten den Besitzern gegenüber macht und sich als ein komplikationsloser »Angestellter« ins komplexe Gruppenleben integriert hat – ein Risiko bleibt. Um dennoch dem Bedürfnis der Hunde nach engem Kontakt zu ihren Rudelmitgliedern gerecht zu werden, kann man sich zum Ruhen gemeinsam mit dem Hund auf den Teppich legen.

136. Rangordnung im Hunderudel: Wie regeln die Hunde die Rangordnung untereinander? ?

Innerhalb eines Rudels wollen Hunde über ein gewisses Potenzial verfügen, um die für sie lebenswichtigen Ressourcen wie Futter, Spielzeug oder Lagerplätze zu erlangen und zu behalten. Die sozialen Verhältnisse und der Status bzw. die Aufgabenverteilung in Ressorts innerhalb der Gruppe werden durch immer wiederkehrende Begegnungen und ritualisierte Auseinandersetzungen etabliert.
Allerdings wollen Hunde weder die Alpha-Position innerhalb eines Rudels zwanghaft übernehmen, noch bei der Ressourcenverteilung ums Überleben kämpfen müssen. Auch beanspruchen sie selten den Zugang zu sämtlichen Ressourcen innerhalb der Gruppe, weil dem einen vielleicht Futter sehr wichtig ist, dem anderen der Lagerplatz. Über allen Zielen steht die Steigerung der individuellen Fitness und die unbeschadete und schmerzfreie Optimierung des eigenen Zustands. So spielen Lernerfahrungen während der Interaktionen zwischen den Rudelmitgliedern, bei denen es um den möglichst reibungslosen Zugang zu Ressourcen geht, eine viel größere Rolle als ein Streben nach der führenden Position im Rudel.

Zudem kommt es eher selten zur Herausbildung einer relativ festen, linear abgestuften Rangordnung bzw. Hierarchie unter Hunden, die in Rudeln leben, deren Gruppenmitglieder häufig wechseln oder erst aus erwachsenen Tieren gebildet wurden.

137. Rangordnung in der Familie: Brauchen Hunde eine Rangordnung in der Familie?

Werden Hunde im Rudel »Familie« gleichberechtigt zu den menschlichen Mitgliedern behandelt, so sind sie mit dieser Situation häufig überfordert. Hunde streben zunächst einen möglichst störungsfreien Zugang zu den lebenswichtigen Ressourcen an, ohne sofort die Führungsposition innehaben zu wollen (→ Frage 134). Wird es dem Tier, meist als niedlicher Welpe, jedoch einfach gemacht, Chef oder König zu sein (→ Info unten), so wird er dies zunächst nutzen. Wenn die Hunde größer sind und ihr Anspruch an täglicher Betreuung und an Ressourcen wächst, kann es zu Missverständnissen zwischen Hund und Mensch kommen! Einmal als zugestandene Freiheiten kennengelernt, werden diese natürlich immer weniger gern freiwillig zurückgegeben und wenn nötig mit Gewalt oder Gewaltandrohung verteidigt.

INFO

Wie der Hund zum »König« wird
Er wird sofort beachtet, wenn er es will, darf vor den anderen Rudelmitgliedern fressen und erhält Leckerlis zwischendurch ohne Gegenleistung. Er darf auf erhöhten oder anderweitig strategisch günstigen Plätzen inmitten von Spielzeug und Kauknochen schlafen, Durchgänge versperren, den Besuch zuerst begrüßen, auf Spaziergängen immer vorauslaufen oder als Erster die Territorien betreten. Meist findet diese Entwicklung statt, wenn der Hund noch ein niedlicher Welpe ist.

138. Rangordnung wiederherstellen: Mein Hund hat hin und wieder Chef-Allüren. Wie stelle ich die Rangordnung wieder her?

Der Hund will in der Regel kein Alpha-Tier gegenüber dem Menschen sein! Haben Sie ihm jedoch zu viele Rechte eingeräumt, ist es wichtig, dass Sie als souveräner Chef sogenannte Hausordnungsregeln aufstellen, wonach sich der Hund im Rudel »Familie« richten muss. Das heißt, Sie führen Ihren Angestellten »Hund« mit eindeutigen und konsequenten Arbeitsanweisungen und einer leistungsgerechten »Bezahlung« in Form von Ressourcen (Futter, Streicheleinheiten, Spiele). Der Hund lernt durch korrektes bzw. erwünschtes Verhalten im Sinne des Besitzers, dass es ihm an nichts mangelt, solange er diese Vorschriften einhält. Verstößt er gegen diese Prinzipien, so enthalten Sie ihm bestimmte Ressourcen vor, indem Sie ihn kurzzeitig aus dem Sozialverband isolieren bzw. komplett ignorieren. Geben Sie ihm kurze Zeit darauf erneut die Möglichkeit zur Integration, wird er diese meist nutzen. So lernt er über Erfolg und Misserfolg seines Handelns sehr effektiv, was richtig und falsch ist. Über eine binnen weniger Augenblicke aufgestellte Kosten-Nutzen-Rechnung wird er das jeweilige Verhalten an die aktuelle Situation dermaßen anpassen, dass seine Bedürfnisse gedeckt, aber Schmerzen, Leiden oder Schäden vermieden werden.

139. Territorialverhalten – Rassen: Gibt es Hunderassen, die besonders stark territorial veranlagt sind?

Bei territorial veranlagten Hunden ist die Wachfunktion stärker ausgeprägt. Dazu zählen insbesondere Vertreter von Wach- und Herdenschutzhunderassen (→ Seite 247). So wurden Pinscher und Schnauzer, Doggen und Mastiffs, Schäferhunde und Dobermänner, Schweizer Sennenhunde oder Bernhardiner

für das Bewachen von Haus, Hof und Grundstücken oder Appenzeller und Rottweiler zum Schutz von Viehherden gezüchtet.
Allerdings sollte die Nutzung einzelner Rassen über viele Generationen hinweg nicht Anlass dafür sein, generell für alle Hunde dieser Gruppierung ein größeres territoriales Verhalten zu folgern. Hier spielen die Linien, also die züchterische Beeinflussung von Generation zu Generation, eine bedeutende Rolle. Werden diese Hunde nämlich über lange Zeit ausschließlich als sozial kompetente »Familienhunde« und nicht im professionellen Sinn als »Wachdienst« gehalten, verhalten sie sich weniger territorial.

TERRITORIALVERHALTEN

Damit grenzt ein Hund sein Revier ab und zeigt Bereitschaft, es zu verteidigen. Das Verhalten ist angeboren und mag als normal und tolerierbar angesehen werden, solange es nicht in territoriale Aggression (→ Tabelle, Seite 104) übergeht.

Formen von Territorien:

- Als Kernterritorium (»Homezone«) wird der Teil des Reviers bezeichnet, in dem sich die wichtigsten Ressourcen, wie Lagerplätze, Futter und Wasser (oder auch das Welpennest), zur grundlegenden Bedarfsdeckung eines oder mehrerer Tiere befinden und wo sich diese Tiere die meiste Zeit über aufhalten. Dieses Kernterritorium wird häufig gegenüber potenziellen Konkurrenten (Sozialpartnern) verteidigt.
- Erweiterte Kernterritorien: Bei stark territorial veranlagten Hunden führt bereits ein kurzzeitiger Aufenthalt in fremden Revieren (Restaurant oder Café, Wartezimmer, Auto, Waldlichtung) dazu, diese Orte als erweiterte Kernterritorien zu beanspruchen und gegebenenfalls durch lautstarkes Bellen bzw. Markierverhalten gegenüber Objekten, Personen oder Artgenossen zu verteidigen. Dabei spielt nicht selten die Nähe zum Besitzer eine entscheidende Rolle. So wird ein über die Leine mit dem Besitzer verbundener Hund diesen und sich selbst verteidigen, was man gelegentlich auf Spaziergängen beobachten kann.

EIN BABY KOMMT

Sobald Sie wissen, dass Sie schwanger sind, sollte sich Ihr Leben mit Hund völlig neu gestalten. Einerseits müssen Sie ihn auf die kommende neue Situation vorbereiten, andererseits aber auch zu Hause Vorkehrungen treffen, damit keine

Den Hund auf den Einzug eines Babys vorbereiten:

➤ Weniger abhängiges Hund-Besitzer-Verhältnis, dafür Kontrolle der Rudelstruktur bezüglich »Hausordnungsprinzipien« (Hund runter vom Sofa, raus aus dem Bett, Abstellen von Zerr- und Reißspielen); evtl. Korrekturen vornehmen.

➤ Den Tagesablauf dermaßen gestalten, wie er künftig sein wird, das heißt, den Hund wesentlich weniger häufig beachten, nicht auf seine Aufdringlichkeiten reagieren und ihn dafür über längere Zeit ignorieren, während Sie sich gemeinsam im Haus aufhalten; in Anwesenheit des Hunds das Wickeln und Füttern des Kinds an einer Puppe im Testlauf proben, um so für den Hund und sich selbst veränderte Abläufe zu üben.

➤ Gewöhnung an neue Gerüche (Babykost, gebrauchte Windeln), ungewohnte Geräusche (Babygeschrei per Tonträger) und neue Zimmeraufteilung/Kinderzimmerausstattung; Einrichten von Tabuzonen (Kinderzimmer, Schlafzimmer).

➤ Während des Spaziergangs ausgiebiges und spielerisches Training von Kommandos zur besseren Kontrolle des Hunds und zur Stabilisierung eines funktionierenden Hund-Mensch-Teams; den Hund für deren korrekte Ausführung mit Spielen, Streicheleinheiten und Futter belohnen.

Umgang mit dem Hund nach Ankunft des Babys:

➤ Am Ankunftstag ist es günstig, dass nicht die Mutter das Kind auf dem Arm hält, sondern eine weitere Person, damit »Frauchen« zunächst (nach kurzer Zeit des Ignorierens) den Hund begrüßen kann, um frühzeitig der Entwicklung von Aversionen und Konkurrenzsituationen vorzubeugen.

➤ Baby und Hund nicht sofort, sondern in einem ruhigen und entspannten Moment miteinander bekannt machen, wobei der Hund zunächst an der Leine gehalten werden sollte.

➤ Das Baby mit positiven Assoziationen belegen, indem dem Hund besondere Aufmerksamkeit (Streicheln, Fütterung)

INS HAUS

Probleme auftreten. Wichtig ist, alle Änderungen bezüglich des Umgangs mit dem Hund bereits während der Zeit der Schwangerschaft einzuführen, damit sie der Hund nicht negativ mit dem Baby verknüpft.

in Anwesenheit des Babys entgegengebracht wird und er sonst weitgehend ignoriert wird.

➤ Den Hund immer dann ausgiebig loben, wenn er sich bei Anwesenheit des Babys ruhig und entspannt verhält.

Wichtig!

➤ Sollte sich der Hund anfangs unruhig und aufgeregt verhalten, könnte es sich um den Beginn eines gefährlichen Jagdverhaltens gegenüber dem Baby handeln. Dann müssen Sie den Hund anleinen und ihm einen Maulkorb anlegen. Dies muss der Hund jedoch bereits vor Eintreffen des Babys in den Haushalt als positive Maßnahme gelernt haben. Damit der Hund den Maulkorb nicht negativ mit dem Baby in Verbindung bringt, sollte er ihn bereits einige Zeit vor und auch noch nach Ende des Treffens tragen.

➤ Vertrauen Sie nicht darauf, dass Ihr Hund das Kind als ranghöheres Rudelmitglied akzeptiert. Tatsache ist, dass Kinder erst nach Erreichen der Pubertätsphase für Hunde zu »Menschen« werden. Denn erst dann haben sie eine gewisse Reife und können aktiv mit dem Hund kommunizieren. Es gibt weder einen Welpen- noch einen Babyschutz! Meist läuft das Zusammenleben in der Gruppe deshalb weitgehend friedlich ab, da die kleinen Rudelmitglieder keine wirkliche Bedrohung der wichtigen Ressourcen darstellen. Kommt es jedoch bewusst oder (zumeist) unbewusst zur Konkurrenz um für den Hund wichtige Ressourcen (Lagerplätze, Futternapf oder Ähnliches), dann unterscheidet der erwachsene Hund nicht zwischen tierischem oder menschlichem Nachwuchs – er verwarnt den Sprössling. Lassen Sie deshalb Hund und Baby nie unbeaufsichtigt, auch nicht für wenige Sekunden!

Komfort-verhalten

Komfortable Verhaltensweisen, wie Körperpflege oder Maßnahmen zur verbesserten Sauerstoffversorgung, führen nicht nur zu Wohlbefinden, sondern ebenso zum Stressabbau, damit sich die Hunde wieder wohlfühlen können.

140. Komfortverhalten – Gähnen: Ist mein Hund immer müde, wenn er gähnt?

Beim Gähnen reißt der Hund sein Maul weit auf und gibt ein charakteristisches Jaulgeräusch von sich. Allerdings ist Gähnen nicht immer ein Zeichen, dass der Hund müde ist. Hunde gähnen auch, wenn sie erleichtert, unsicher oder erregt sind. Ursprünglich brachte man Gähnen wie auch Sich-Strecken, Sich-Räkeln und Hecheln vornehmlich mit einer verbesserten Sauerstoffversorgung des Körpers in Verbindung. Mittlerweile jedoch rechnet man diese Verhaltensweisen zum sogenannten Komfortverhalten. Das heißt, dass Hund wie Mensch sie nach dem Ruhen, Schlafen, nach langer ermüdender Tätigkeit, aber auch bei Stress gleichermaßen gern zur Entspannung verwenden. Gähnen kann also demnach auch Wohlbefinden oder den Wunsch danach ausdrücken.

141. Komfortverhalten – Gesicht reiben: Mein Hund wischt sich hin und wieder mit der Pfote über sein Gesicht. Weshalb macht er das?

Für die Beantwortung dieser Frage muss man die Gesamtsituation bewerten, denn wenn sich Hunde mit der Pfote über das Gesicht wischen, kann dies neben der Reinigung auch dem Stressabbau dienen. Wenn die Hunde das »Pfotenwischen« morgens nach dem Aufwachen vollführen, kann es passieren, dass sie darüber wieder einschlafen. Die Pfote bedeckt dann noch teilweise Auge und Gesicht, und man hat den Eindruck, als »schäme« oder »verstecke« sich der Hund. Auch wischen sich die Hunde ab und an gleichzeitig mit beiden Pfoten nach vorn das Gesicht ab, um anschließend gründlich die an den Pfoten anhaftenden körpereigenen Düfte zu beriechen. Dabei niesen, schnaufen oder schmatzen sie häufig. Nach einer solchen Gesichtsmassage fühlen sich Hunde ebenso wie wir Menschen wohl. Stressabbau pur!

Das Pfotenwischen kann auch Demut ausdrücken oder eine beschwichtigende Geste sein.

142. Komfortverhalten – Hecheln: Warum hecheln Hunde?

Beim Hecheln atmen die Hunde rasch durch das geöffnete Maul. Es dient einerseits der Thermoregulation, indem die Hunde bei Wärme über das Hecheln Nasensekret verdunsten und so für ihren Körper eine Kühlung durch Verdunstungskälte erreichen (→ Frage 148). Andererseits wird auch bei Stress gehechelt, um diesen zu kompensieren. Dann zählt Hecheln zum Komfortverhalten.

ÜBERSPRUNGVERHALTEN

Darunter versteht man ein Verhalten, das außerhalb der dafür üblichen Verhaltensfolge auftritt.

Mechanismus 1: Übersprungverhalten wird in Konfliktsituationen gezeigt, wenn sich ein Tier zwischen zwei sich gegenseitig hemmenden bzw. entgegengesetzten Verhaltensweisen (etwa Angriff und Flucht), die gleichzeitig aktiviert sind, nicht entscheiden kann. Dabei ist die Motivation zum Handeln sehr hoch. So werden in diesem Moment Verhaltensweisen, zum Beispiel Elemente aus der Nahrungsaufnahme (Gras fressen) oder dem Komfortverhalten (sich lecken und kratzen), angewendet, die weder mit dem eigentlichen Konflikt in Zusammenhang stehen, noch der momentanen Situation entsprechen, jedoch zum Stressabbau führen.

Mechanismus 2: Übersprungverhalten wird gezeigt, wenn ein aktives Streben nach einer bestimmten Reizsituation (Appetenzverhalten) physisch verhindert wird. Zum Beispiel kann sich der Hund kratzen, weil er durch die Leine daran gehindert wird, mit einem Artgenossen Kontakt aufzunehmen.

Biologischer Sinn: Übersprunghandlungen können als Entspannungs- bzw. Beschwichtigungssignal dienen. Ein Beispiel hierfür wäre das Gähnen in Konfliktsituationen mit artübergreifender Stimmungsübertragung (→ Tabelle, Seite 125).

143. Komfortverhalten – Schnauze reiben: Mein Hund reibt die Schnauze am Boden oder rutscht seitlich mit der Schnauze voran über den Boden. Warum tut er das?

Jeder Hundebesitzer hat sicherlich bei seinem Schützling schon beobachten können, dass er ab und an neben den in der Frage gestellten Verhaltensweisen auch seinen Kopf schleuderte, sich leckte und beroch, auf dem Po über den Boden rutschte, nieste, hörbar tief schnaufte, seinen Rücken als Buckel in die Höhe stemmte, seine Zehen streckte, hechelte, mit seinen Pfoten über die Nase oder die Schnauze wischte oder einen Schluckauf hatte. Selbst regelrechte »Ekelbewegungen« mit hochgezogenen Lippen und mehr oder weniger angewiderten Kaubewegungen sind zu sehen, um so eklig schmeckendes Futter mit der Zunge aus dem Maul zu befördern.
Diese Verhaltensweisen zählen zum Komfortverhalten. Sie führen im Allgemeinen zur Steigerung des persönlichen Wohlbefindens. Komfortable Verhaltensweisen können auch als eine Art Stressbewältigung fungieren, indem sich der Hund aktiv mit Alltagsdingen auseinandersetzt, die ihn stören. Diese Technik zur Stressbewältigung in vielen Funktionsweisen wird auch als »Coping-Strategie« bezeichnet (→ Info rechts).

144. Komfortverhalten – Sich schütteln: Warum schütteln sich Hunde nach einem Bad im See oder wenn sie im Regen draußen waren?

Die wohl häufigste Form der Körperpflege ist das Schütteln des Fells. Besonders morgens bzw. generell nach dem Erwachen, nach dem Bad im See oder dem Spaziergang im Regen schütteln Hunde Fell, Ohren und Schnauze regelrecht in Form. Gleich einer Welle beginnt ein Schleudervorgang vom Kopf über Rumpf bis hin zur Schwanzspitze. Dadurch verhindern sie, dass das Fell bis zur Unterwolle durchnässt wird.

Diese Schüttelbewegung dient jedoch auch in bestimmten Situationen dem Stressabbau, zählt also zu den Coping-Strategien (→ Info unten).

145. Komfortverhalten – Sich schütteln nach Streicheln: Warum schüttelt sich mein Hund, nachdem ich ihn gestreichelt habe?

?

Die Ursache hierfür kann sein, dass der Kontakt für den Hund zu lang war oder zu intensiv bzw. zu bedrohlich wirkte. Nicht allen Hunden ist es angenehm, überall angefasst und gestreichelt zu werden, es sei denn, sie lernen dies bereits als Welpe als etwas Positives kennen. Insbesondere diejenigen Hunde befinden

COPING-STRATEGIEN

Sie dienen der Problem- und Stressbewältigung. Tiere setzen sich je nach Situation mit der sie stressenden Außenwelt aktiv auseinander, indem sie Verhaltensweisen zeigen, die ihnen eine gefahrlose und entstressende Anpassung ermöglichen. Die Verhaltensweisen können entweder Wohlbefinden ausdrücken oder sie entsprechen dem Wunsch danach.

Beispiele für Coping-Strategien:

- Sich schütteln nach einem Bad, Spaziergang im Regen oder nach dem Erwachen (→ Frage 144): Es dient sowohl der Trocknung des Fells als auch in bestimmten Situationen dem Stressabbau.
- Sich wälzen nach einem Bad, in Sand oder Schnee, auf der Wiese oder dem Teppich daheim (→ Frage 147): Die Hunde fühlen sich nach einer solchen »Eigenmassage« wohl und scheinen durch Schütteln danach auch sauber zu sein.
- Sich strecken nach langer ermüdender Tätigkeit, aber auch bei Stress (→ Frage 146): Es dient der Entspannung bzw. bei Stress als Kompensationsmaßnahme.
- Mit der Pfote über das Gesicht wischen (→ Frage 141): Dies dient dem Stressabbau, kann aber auch eine Geste der Unterwürfigkeit (→ Tabelle, Seite 71) sein.

sich in einer Art Konfliktsituation zwischen Annäherung und Flucht, die bereits von menschlichen Händen ausgehende Gewalt erfahren haben.
Aber auch erzwungener Kontakt mit Festhalten des Tiers, bedrohlicher Körpersprache (→ Tabelle, Seite 62/63), mit unsensiblem und grobem Handling und Einengung ohne Fluchtmöglichkeiten sind für den Vierbeiner Stress pur! Dazu gehört auch, wenn der Hundehalter, durchaus in Zuneigung zu seinem Hund, diesen mit wildem Klopfen auf Brust oder Schenkel bedenkt, ohne zu ahnen, dass dies eine eindeutige Drohgeste für den Hund bedeutet. Können Hunde in solchen Situationen dem Stress nicht durch Flucht und Erstarren bzw. Sich-klein-Machen entgehen, zeigen sie als Beschwichtigungsverhalten (→ Frage 129) Handlungen aus der eigenen (Putz- und Kratzbewegungen, sich schütteln, scheuern, wälzen) und sozialen Körperpflege (gegenseitiges Lecken) sowie sogenannte Coping-Strategien (→ Info, Seite 121). So kann der Hund selbstständig das Problem lösen oder sich an die Situation anpassen. Wichtig ist, dass der Besitzer diese auch als »Hilferuf« erkennt und von weiteren Streicheleinheiten in diesem Moment ablässt.

146. Komfortverhalten – Sich strecken: Mein Hund streckt und dehnt sich sehr gern. Entspricht das unserem Stretching? ?

Ja, dieses Verhalten hat bei Hund und Mensch gemeinsame Ursachen und Ziele. Wenn sich Hunde strecken, liegen sie entweder auf der Seite, auf dem Rücken oder sie stehen. Auch können sie mit hochgerecktem Rücken und Hinterteil die Vorderläufe bis in die Zehen hinein strecken. Sie dehnen dabei häufig sämtliche Gliedmaßen inklusive des Kopf-Hals-Bereichs maximal, wobei sie währenddessen oder im Anschluss daran oft gähnen.
Dieses Verhalten dient entweder einer optimalen Versorgung des Körpers mit Sauerstoff oder der Steige-

rung des persönlichen Wohlbefindens. Es kann jedoch auch als eine Art Stressbewältigungsinstrument fungieren, indem sich der Hund aktiv mit ihn störenden Alltagsdingen auseinandersetzt (→ Info, Seite 121).

147. Komfortverhalten – Sich wälzen: Weshalb wälzen sich Hunde gern?

Hunde wälzen sich wie viele andere Säugetiere nur dann, wenn sie sich frei und ungefährdet fühlen. Demnach sind Wälzen und Scharren am Boden ein eindeutiges Zeichen von Wohlbefinden. Wälzen findet häufig unmittelbar nach dem Bad im See oder dem Lauf durch den Regen statt. Dabei wälzt und scheuert sich der Hund im Sand oder Schnee, auf der Wiese oder dem Teppich daheim. Entweder werfen sich die Hunde regelrecht auf den Rücken, oder sie rollen sich mit nach vorn gerichteter Schnauze seitlich auf den Rücken ab. Auf dem Rücken liegend, werden die Beine in die Luft geschleudert, der Kopf hin- und hergeworfen und die Wirbelsäule gegen die jeweilige Unterlage gepresst. Währendessen oder danach schnaufen oder niesen sie oder schütteln sich.
Hunde wälzen sich jedoch auch gern in Unrat, Kot und Aas (→ Frage 277, 278)

INFO

Möglichkeiten der Kühlung an heißen Tagen

- Hecheln als rasches Atmen durch das geöffnete Maul
- Belecken und Befeuchten des Fells (Verdunstung)
- Verlegen der Tagesaktivität auf die frühen Morgen- und die späten Abendstunden; Zurückziehen in schattige Bereiche
- Vermehrte Wasseraufnahme
- »Thermische Fenster« (Bereiche mit dünnem Fell und geringer Isolation, etwa zwischen den Vorderbeinen, am Brustkorb): Bei Hitze werden sie geöffnet, bei Kälte geschlossen.

Huskys & Co. sind mit ihrer Zwei-Schicht-Behaarung bei Hitze gegenüber Kurzhaarrassen im Nachteil.

148. Regulierung der Körperwärme: Können Hunde schwitzen?

Die normale Reaktion des Körpers auf große Hitze ist das Schwitzen. Der Schweiß wird bei uns Menschen über die gesamte Hautoberfläche an die Umgebung abgegeben. Dabei entsteht sogenannte Verdunstungskälte, und der Organismus wird gekühlt. Hunde können nur über die Ballenhaut ihrer Pfoten »schwitzen«, da ihnen auf der übrigen Haut die Schweißdrüsen fehlen. Sie mussten sich deshalb andere Strategien zur Kühlung des Organismus »einfallen« lassen (→ Info, Seite 123). Unter anderem hecheln sie. Dabei verdunsten sie Nasensekret. Die Atemfrequenz kann dabei bis zu 400 Atemzüge pro Minute betragen, wobei das Tier eher flach atmet. Das über das Abatmen verloren gegangene Wasser muss der Hund wiederum über das Trinken von Wasser aufnehmen. Deshalb ist es wichtig, dem Hund vor allem bei Hitze permanent Wasser anzubieten!

149. Regulierung der Körperwärme – Anpassungen: Erstaunlicherweise bekommen Hunde an heißen Tagen keinen Hitzschlag, selbst wenn sie viel herumtoben oder sogar jagen. Warum ist das so?

Als spezielle Form der Wärmeregulierung hechelt der Hund (→ Frage 142). Um die Kühlwirkung in das Gehirn zu vermitteln, bedient sich der Hund eines sogenannten Gegenstromprinzips. Hunde haben ein wahres Kühlsystem in der Kopfregion. Verantwortlich dafür ist der Sinus cavernosus, ein Bereich im Kopf, in dem Venen und Arterien eng parallel verlaufen. Das durch Hecheln gekühlte venöse Blut fließt zum Herzen. Im Sinus cavernosus entzieht es dem zum Gehirn fließenden arteriellen Blut bis zu 3 °C Wärme.

150. Schlafen – Dauer: Wenn ich die Ruhe- und Schlafphasen meines Hunds zusammenrechne, komme ich auf weit über zehn Stunden. Ist das normal?

Eine klassische Einteilung des Tages wie bei uns Menschen (acht Stunden Arbeit, acht Stunden Freizeit,

FORMEN DES GÄHNENS

Müdigkeitsgähnen: Es wird oft im Zusammenhang mit dem Erwachen bis zu einer Stunde nach oder einer Stunde vor dem Schlaf gezeigt. Der Hund reißt dabei plötzlich sein Maul auf, gleichzeitig äußert er ein charakteristisches Jaulgeräusch und kurze Quieklaute. Dabei atmet er tief ein und kurz aus. Dieses Gähnen ist unadressiert und findet meist im Liegen mit geschlossenen Augen und etwas erhobenem Kopf statt (→ Frage 140). Es dient der verbesserten Sauerstoffversorgung des Körpers bzw. ist ein Zeichen der Entspannung bzw. des Wohlbefindens und zählt somit zu den Coping-Strategien.

Spannungsgähnen: Der Hund gähnt, bis sich eine Anspannung (auch Muskelanspannung) abgebaut hat. Es kann auch öfter hintereinander gezeigt werden. So wird gegähnt bei Langeweile oder um Aufmerksamkeit beim Sozialpartner zu erreichen. Das Spannungsgähnen ist adressiert und findet mit geöffneten Augen und Blick zum Gegenüber statt. Es hat ansteckende Wirkung bei den Sozialpartnern und kann zu einer gleichzeitigen Entspannung in der Gruppe führen, was sich auch leicht zwischen Hund und Mensch einsetzen lässt.

Gähnen als Übersprunghandlung: Es tritt in Konfliktsituationen und bei Negativstress auf, um möglicherweise beschwichtigend bzw. deeskalierend zu wirken (→ Tabelle, Seite 71), und ist wie das Spannungsgähnen adressiert.

acht Stunden Schlaf) ist bei Hunden nicht anwendbar. Hunde haben ein hohes Schlaf- und Ruhebedürfnis, welches je nach Alter, Rasse, Arbeits- oder Familientier variieren kann. Durchschnittlich beträgt jedoch der tägliche Bedarf von Schlaf und Ruhe bei Hunden 16 bis 20 Stunden. Physische und psychische Höchstleistungen wären nicht möglich, könnten sich unsere Vierbeiner nicht entsprechend regenerieren. Nervosität, Rast- und Ruhelosigkeit, Übererregbarkeit, permanentes Aufmerksamkeit erheischendes Verhalten, Hyperaktivitätsstörung oder Aufmerksamkeitsdefizit-Hyperaktivitätsstörung (ADHS) sind Wegbereiter oder Ursachen von Schlafdefiziten.

151. Schlafen – In Nischen schlafen: Obwohl er genug Platz hat, zwängt sich mein Hund beim Schlafen manchmal in eine enge Ecke. Warum tut er das?

Hunde fühlen sich entspannt und wohl, wenn sie beim Schlafen Kontakt mit Gegenständen oder Sozialpartnern haben. Dabei kann es vorkommen, dass sie mit rechtwinklig abgeknicktem Kopf an der Wand dösen. Was uns Menschen als äußerst schmerzhaft vorkommen mag – unseren Hunden gefällt es. Gönnen wir es ihnen.

152. Schlafen – Kontaktliegen mit Halter: Sobald ich mich zu einem kleinen Mittagsschlaf hinlege, legt sich mein Hund ebenfalls vor das Sofa. Weshalb macht er das?

Das Kontaktliegen unter Hunden innerhalb eines Rudels kommt relativ häufig und nicht nur im Welpennest mit den Geschwistern und der Mutter vor (→ Tabelle, Seite 16). Bereits in den ersten Lebenstagen dient das enge Beieinander neben der Thermoregulation auch dem Wohlbefinden der Hunde. Später kann ein gemeinsamer Mittagsschlaf von Hund und Besitzer zu einem wichtigen und von beiden als gemütlich empfundenen Ritual im Tagesablauf werden. Dabei will der Hund in der Regel möglichst in engem Körperkontakt beim Bindungspartner liegen (Kontaktliegen). Damit verdeutlicht das Tier, wie stabil und angstfrei seine Bindung zum Menschen ist. Generell gehören Berührungen wie Anlehnen oder Aneinanderreiben mit Kopfzuwendung und Kopfreiben bei stabilen Mensch-Hund-Beziehungen zum Alltag. Jedoch bevorzugen nicht alle Hunde das enge Kontaktliegen mit Artgenossen oder Menschen. Nicht nur bei disharmonischen Rudeln gibt es räumlich getrennte Lagerplätze, sondern auch ranghohe oder unabhängige Tiere liegen in der Regel lieber allein und frei.

1 *Schlafpositionen unserer Hunde: Einige Vierbeiner lassen sich nach vorn ausgestreckt in die Bauchlage rutschen ...*

2 *... andere wiederum scheinen einfach auf die Seite gefallen zu sein und halten die Beine gestreckt oder angewinkelt ...*

3 *... oder ruhen in halbseitiger Bauchlage mit dem Kopf auf den Pfoten und rollen sich dabei zu einer Kugel zusammen.*

153. Schlafen – Schlafplatzwahl: **Mein Hund dreht sich einige Male um seine eigene Körperachse und scharrt mit den Pfoten auf seiner Schlafmatte, bevor er sich hinlegt. Ist das normal?**

?

Dies ist ein Erbe des Wolfs. Hunde wie Wölfe graben nicht nur nach Beute, sondern können in Sand, Erde oder Kies Gruben als Schlafplatz ausheben. Oder sie drücken im Kreis tretend das Gras nieder. Diese Mulden dienen einerseits als bequemes Lager, andererseits der Thermoregulation an heißen Tagen, weil die ausgehobenen Kuhlen einen kühlen Liegeplatz bieten. Auch im Haus zeigen Hunde das sogenannte wiederholende Kreistreten vor dem Niederlegen häufig noch vollständig. Dann knicken die Hinterbeine ein, und sie rollen seitlich ab. Das Scharren zeigen Hunde nicht so häufig wie der Wolf. Als Lager nutzen Hunde gern »Hundenester« aus Korbgeflecht oder Plüsch und scheinen sich regelrecht darin zu verschanzen. Wie die Wölfe schützen sie sich so vor Entdeckung.

154. Schlafen – Schnarchen: **Weshalb schnarchen Hunde im Schlaf?**

?

Hunde schnarchen häufiger, als allgemein bekannt. Einige Hunde tun es ausschließlich in den Traum- und Tiefschlafphasen, andere wiederum haben ein angeborenes und angezüchtetes körperliches Handicap und schnarchen deshalb auch am Tag (→ Info rechts). Bei den »Schlaf-Schnarchern« flattern die während des Schlafs erschlafften Anteile von Gaumensegel, Zäpfchen und Zungengrund im Maul durch den Sog der Atemluft und erzeugen das typische Knattergeräusch. Meist schnarchen Hunde in Rückenlage mit tief hängendem oder abgeknicktem Kopf oder bei erschwerter Atmung. Häufig korrigieren die Tiere ihre Schlafposition von selbst, indem sie als Folge einer Unterversorgung mit Sauerstoff durch das Schnarchen aufwachen.

155. Schlafen – Träumen: Mein Hund zuckt beim Schlafen mit den Beinen oder »läuft« im Schlaf. Träumt er?

Hunde scheinen wie wir einen Wechsel von Leicht- und Tiefschlafphasen zu haben. Im Anschluss an Tiefschlaf folgen Phasen des aktiven Schlafs, auch REM-Schlafphase (Rapid Eye Movement, »Traumschlaf mit schnellen Augenbewegungen«) genannt. Währenddessen zeigen die Hunde ähnlich einem Wachzustand häufige, schnelle Augen- und Muskelbewegungen (Zucken von Augenlidern, Lefzen und Tasthaaren, Strampeln, Zucken, Laufen mit den Gliedmaßen in der Luft). Puls, Atemfrequenz und Blutdruck steigen, wobei lediglich die weiterhin entspannte Muskulatur des Körpers den Hund am Losrennen im Schlaf zu hindern scheint. Einige Hunde knurren, heulen, bellen, geben eigenartige Quiek-Wuff-Laute von sich oder mahlen und knirschen mit dem Kiefer. Die Gehirnaktivität ist jetzt ähnlich hoch wie beim Einschlafen, weshalb viele Hunde in dieser Phase problemlos aufwachen können. Dennoch sollten die Tiere nicht gestört werden, können sie doch unmittelbar darauf wieder in eine tiefere Schlafphase übergehen. Es ist gut möglich, dass Hunde in dieser Phase wie wir ihre Alltagsprobleme als Traum bewältigen und nacherleben.

INFO

»Handicap-Schnarcher«
Dies sind Hunde, die wegen einer akuten oder chronischen Verlegung der Atemwege schnarchen. Vorübergehende Beeinträchtigungen als Folge einer Erkältung oder eines ernährungsbedingten Übergewichts können durch geeignete Maßnahmen beseitigt werden. Doch Rassen mit zuchtbedingter Verlegung der Atemwege bleiben meist »Dauer-Schnarcher«. Dazu gehören kurzschnäuzige und kurzköpfige Rassen wie Mops, Bulldogge, Malteser, Pekingese, Shih Tzu und Boxer.

Erkunden – Spielen – Lernen

Als geborene Weltenbummler wollen Hunde ihre Umwelt stets aufs Neue erkunden. Während Spiele meist nur im entspannten Umfeld stattfinden, lernen Hunde vom Zeitpunkt ihrer Geburt an in jeder Situation – ihr Leben lang.

156. Auslauf im Garten: Wir haben einen großen Garten. Reicht es, wenn der Hund dort herumtollen kann, oder muss ich mit ihm täglich Gassi gehen?

Ein täglicher Auslauf im Freien (ohne Leine!) mit Kontakten zu Artgenossen und Menschen von insgesamt mindestens zwei Stunden sowie die Möglichkeit, sich wenigstens dreimal täglich außerhalb des eigenen Territoriums lösen zu können, ist ein unerlässlicher Mindeststandard in der Hundehaltung. Hunde haben bekanntlich nicht nur ein höheres Bewegungsbedürfnis als wir Menschen, sondern sie nehmen ihre Umwelt über mehrere Kanäle (Nase, Ohren und Augen) wahr. Wir Menschen setzen vorrangig die Augen ein und richten uns nach zivilisatorischen Gegebenheiten. Ein permanentes Anleinen des Hunds (auch wenn die Leine 15 Meter und mehr misst!), das Ausführen auf den stets gleichen Wegen oder der »Quasi-Freilauf« auf dem eigenen Grundstück bedeuten nicht nur eine permanente körperliche Unterforderung des Vierbeiners, sondern auch eine Reduzierung seiner Erlebniswelten mit der Gefahr der geistigen Unter- bzw. Fehlentwicklung.

157. Ekel: Hunde fressen oft in unseren Augen Ekliges? Können sie sich vor etwas ekeln?

Während sich uns als Besitzer der Magen zusammenzieht, wenn der Hund ein verwestes Stück Wild oder verdorbene Nahrungsmittel aus dem Mülleimer verschlingt, empfinden viele Hunde keinen Ekel dabei. Und dennoch gibt es hin und wieder für Hunde im Alltag Gelegenheiten, regelrechte »Ekelbewegungen« mit hochgezogenen Lippen und mehr oder weniger angewiderten Kaubewegungen zu vollführen. Auf diese Weise befördern sie eklig schmeckendes Futter wie zum Beispiel rohe Zwiebeln oder Kidneybohnen aus der Dose mit der Zunge aus dem Maul.

158. Erkunden – Angst: Erst hat mein Hund neugierig einen Gegenstand begutachtet. Plötzlich hat er sich mit langem Hals zurückgezogen. Warum tat er das?

Haben die Hunde ein Objekt aus der Ferne geprüft, erfolgt meist ein näheres Kennenlernen. Das Objekt wird beschnuppert, mit den Vorderpfoten und der Schnauze betastet bzw. beleckt. Anschließend kann der Hund den Gegenstand auch probieren. Ist ihm die gesamte Situation jedoch eher unheimlich, wird er unter Umständen einen sprichwörtlich »langen Hals« machen und sich wieder ein Stück entfernen.

159. Erkunden – Ausbildung: Wie schaffen es Polizei- oder Katastrophenhunde, einen Verschwundenen/Verdächtigen anhand seiner Spur zu verfolgen?

Hunde sind »Nasentiere« und besitzen ein wesentlich besseres und differenzierteres Geruchsempfinden als wir Menschen. Ihr Riechepithel auf der Nasenschleimhaut hat eine größere Fläche und eine höhere Dichte an Geruchsrezeptoren (Empfangsapparate für Geruchsreize) und ist dadurch extrem leistungsfähig.

INFO

Fehlendes Erkundungsverhalten

Charakteristisch für Hunde, die ein Interesse an ihrer Umwelt zeigen, ist das Aufnehmen von Gerüchen. Verhält sich der Vierbeiner jedoch gleichgültig oder gar ängstlich gegenüber seiner Umgebung, so liegen die Ursachen häufig in einer hohen chronischen Belastung (falscher Trainingsansatz, Arthrosen), in unzureichender Gewöhnung an verschiedenste Untergründe in der Welpenzeit oder in negativen Erfahrungen (Ausgrätschen) und nachfolgenden Ängsten (vor glatten Böden).

Vom Riechepithel gelangen die Geruchsinformationen über den Riechnerv als Signal an das im Gehirn befindliche Riechzentrum. Dort werden die einzelnen Gerüche identifiziert und bewertet. Beim Hund ist der relative Anteil des Riechzentrums am Gehirn etwa vierzigmal größer als beim Menschen.
Hunde lernen zwar sehr schnell, Gerüche zu erkennen und zuzuordnen. Dennoch müssen sie alle über das Riechepithel der Nase aufgenommenen Gerüche im Lauf ihres Lebens erst lernen, indem diese mit anderen Sinneseindrücken gekoppelt und verknüpft und anschließend im Gedächtnis gespeichert und zugeordnet werden. Entsprechend der Erlebnisse bzw. der Bedürfnisse wird die Nase auf spezielle Gerüche wie die von Menschen sensibel gemacht. So sind sie in der Lage, eine vermisste Person innerhalb eines gewissen Zeitraums anhand eines Geruchsstoffs von möglichst gleicher Körperregion eindeutig und sicher zu finden bzw. zu identifizieren (mit Ausnahme von eineiigen Zwillingen mit identischer Lebensweise).
Zudem können sie auf das Phänomen des differenzierten Links-rechts-Riechens zurückgreifen. Damit sind Hunde in der Lage, Richtungen von Spuren wahrzunehmen bzw. zu beurteilen.

160. Erkunden – Schnüffeln: Was passiert beim Schnüffeln oder Schnuppern?

Beim Schnuppern saugen die Hunde Luft in kurzen und schnellen Atemzügen hörbar ein. Sie suchen am Boden langsamer und konzentrierter, folgen einer direkten Spur und achten dabei ebenso auf sichtbare Spuren (Bodenverletzungen). Bei diesem auch Boden-Witterung genannten Verhalten untersuchen sie unter anderem auch Urinmarkierungen auf deren Bedeutung. Um die Aerosolwirkung der ungelösten und nicht flüchtigen Duftstoffe (Pheromone) zu verbessern, belecken und befeuchten Hunde häufig die geruchlich interessante Stelle (→ Frage 45).

Hunde sind demnach in der Lage, Gerüche zu schmecken und so lange »zu sammeln«, bis sie einen bestimmten Geruchseindruck bekommen. Diese Informationen gelangen nicht in das Riechzentrum, sondern in das limbische System des Gehirns und lösen dort unbewusste Reaktionen aus, etwa Emotionen oder die Produktion von Hormonen.

161. Erkunden – Umgebung: Wie erkundet ein Hund seine Umgebung?

Hunde erkunden gern ihre Umgebung. Dazu müssen sie sich im Fern- und Nahbereich orientieren können. Zunächst begutachten sie neue Objekte oder Situationen aus einer gewissen Entfernung. Währenddessen stehen, sitzen oder liegen sie beobachtend scheinbar »auf der Lauer«. Sie richten ihre Augen, Nase und Ohren nach der Windrichtung oder horchen und fixieren mit schräg gehaltenem Kopf. Wenn die Fernerkundung als positiv bzw. ungefährlich bewertet wurde, laufen die Hunde zunächst langsam und vorsichtig mit tiefer gehaltenem Kopf in Richtung des zu erkundenden Objekts, nicht ohne dieses permanent zu beobachten. Dann erfolgt meist ein weiteres und näheres Kennenlernen (→ auch Frage 158).

INFO

Boden- und Luft-Witterung

➤ Bei der Luft-Witterung nehmen die Tiere Staubpartikel und Wassertröpfchen als Aerosole (flüssige Schwebstoffe in der Luft) aus der Luft auf. Diese wirken als Geruchssignale.

➤ Bei der Boden-Witterung schnüffeln Hunde mit der Nase am Boden und untersuchen Aerosole, aber auch Urinmarkierungen auf deren Bedeutung. Sie belecken und befeuchten häufig die Stelle, um die Aerosolwirkung der bisher ungelösten Duftstoffe (Pheromone) zu verbessern.

162. Erkunden – Witterung aufnehmen: Woran erkenne ich, dass mein Hund eine Witterung aufgenommen hat?

Hat ein Hund aus der Luft eine Witterung aufgenommen, hebt er den Kopf und manchmal ein Bein in die Höhe (Vorstehen, → Foto, Seite 176) und bewegt den Nasenspiegel hin und her. Dadurch kann er weit entfernte Wasserlöcher, weggeworfene Wurstschnitten oder totes bzw. lebendes Wild über große Flächen »erriechen«. Aber Hunde arbeiten auch fleißig am Boden. Bei dieser sogenannten Boden-Witterung untersuchen sie Geruchsspuren schnüffelnd (→ Frage 160). Natürlich gibt es dabei vielfältige Unterschiede in der Intensität und Häufigkeit zwischen den Rassen und Linien sowie von Hund zu Hund.

163. Ignorieren – Richtig ignorieren: Wie muss ich reagieren, wenn ich den Hund richtig ignorieren will?

Richtiges und erfolgreiches Ignorieren gelingt mit der Einhaltung der folgenden Vierer-Regel: Sie dürfen den Hund nicht anschauen, nicht ansprechen und nicht berühren. Dabei sollten Sie sich in einem völlig ent-

TIPP

Ignorieren auf Signal

Bringen Sie einen neutralen Gegenstand, etwa ein Tuch, immer dann in das Blickfeld Ihres Hunds, wenn Sie ihn in der Folge eine Zeit lang ignorieren werden. Da er Sie fast ständig beobachtet, wird er bald den Bezug zwischen »Tuch über der Klinke« – »Funkstille« – »keine Arbeitsanweisungen« – »Rückzug auf meine Decke« herstellen. Mit diesem Trick können sich die Tiere stressfreier auf Signal hin auf eine längere Zeit des Nichtbeachtens einstellen und entspannen.

spannten Zustand befinden bzw. sich demonstrativ mit etwas anderem als dem Hund beschäftigen. Dieser letzte Punkt fällt einigen Besitzern immer noch schwer (→ auch Tipp links), nämlich sich selbst unter emotionaler Kontrolle zu halten. Jegliche Anspannung überträgt sich automatisch auf den Hund, und er interpretiert sie als Reaktion für sich.

164. Intelligenz: Wie intelligent sind Hunde? ?

Der Begriff der Intelligenz ist bisher wissenschaftlich nicht eindeutig definiert. Im Allgemeinen werden darunter Fähigkeiten wie Konzentration, Vorstellungskraft, Gedächtnis, Denken, Lernen und Kommunikationsfähigkeit zusammengefasst. Das Wesentliche scheint die Formulierung zu erfassen, wonach das Vermögen eines Individuums, Kenntnisse und Erkenntnisse zu erwerben, als Intelligenz bezeichnet wird. Die »Intelligenz« der Hunde ist nicht naturgegeben, sondern wird überwiegend durch die Aufzucht- und Haltungsbedingungen in der Sozialisationsphase während der ersten 16 Lebenswochen im positiven wie im negativen Sinn nachhaltig beeinflusst. Man kann bei ihnen verschiedene Formen ausmachen, die Fähigkeiten des Problemlösens betreffen. So können Hunde zwischen fremder und bekannter Umgebung unterscheiden, sie können erkennen, dass fünf eine größere Menge ist als eins, oder sie rufen bei Problemen, die sie nicht lösen können, den Menschen um Hilfe.

165. Lernen – Alter Hund: Ich möchte einen älteren Hund kaufen. Stimmt es, dass ich ihm keine neuen Kommandos oder Übungen beibringen kann? ?

Prinzipiell sind Hunde, die vom Welpenalter an zeitlebens im Training stehen, bis ins hohe Alter lernfähig. Jedoch sollten Sie beim Training eines alten Hunds

einiges beachten. So sollten Sie Kommandos als Sicht- und Hörzeichen mit zusätzlichen Verstärkern (Klicker, Pfeife) geben, um altersbedingte Handicaps (Nachlassen der Sinnesfunktionen) auszugleichen. Eindeutige Rituale und Signale, auf die sich der Hund verlassen kann, sind dabei oft äußerst hilfreich. Auch sollten Sie einfachste bzw. alltägliche Kommandos bei erfolgreicher Ausführung überschwänglich belohnen. Unter Umständen müssen Sie sich beim älteren Hund auf eine längere Reaktionszeit einstellen. Deshalb dürfen Sie nicht ungeduldig werden. Die Dauer der Trainingseinheiten sollte wenige Minuten nicht überschreiten und durch hinreichend lange Pausen mit Ruhe- und Schlafphasen unterbrochen sein.
Wichtig ist es, dass Sie den Hund weder über- noch unterfordern (geistig und körperlich), nicht ängstigen oder erschrecken und ihm keine Stressoren wie Sozialisolation (Zwinger, Anbindehaltung) zumuten, die er nicht mehr kompensieren kann!

166. Lernen – Arbeitsmotivation: Woran erkenne ich, dass mein Hund arbeitsmotiviert ist?

Hat der Hund gelernt, dass sein Name ein Aufmerksamkeitssignal ist, dann wird er bei dessen Nennung prompt reagieren und voller Vertrauen zu Ihnen schauen. Neugierig wird er auf Trainingsanweisungen von Ihnen warten. In diesem Moment befindet er sich im »Stand-by-Modus« und ist nachweislich arbeitsmotiviert.
Sie erreichen dies, indem Sie den Hund mit dem entsprechenden Namen rufen und gleichzeitig seinen Blick über die Bewegung Ihrer Hand mit einem Futterstück in Richtung Ihres Kopfs lenken (Blickachsentraining). Diese nonverbale Zeigebotschaft bedeutet »Schau mich an« bzw. »Schau mir in die Augen«. Im Moment des Blickkontakts zwischen Ihnen und Ihrem Hund wird er mit dem Leckerli für seine Aufmerksamkeit belohnt.

MÖGLICHE FORMEN DES LERNENS

Erfolgreich lernen lässt sich nur in einem entspannten sozialen Umfeld in anregender und belohnender Atmosphäre. Auch Hunde lernen am liebsten spielerisch. Angst und negativer Stress führen nicht nur zu momentanen, sondern auch zu lang anhaltenden Gedächtnis- und Lernschwierigkeiten.

Lernen bei Welpen:
- Innerhalb der sensiblen Welpenphase werden bestimmte Erlebnisse, Ereignisse und Eindrücke nahezu irreversibel und bleibend gelernt und eingeprägt. So kann man von einer Quasi-Prägung auf den Untergrund beim ersten selbstständigen Verlassen des Welpennestes sprechen.
- Welpen scheinen auch durch Nachahmen zu lernen, indem sie das Verhalten der Elterntiere oder Geschwister imitieren (Nachlaufreaktionen, Nachahmen von Bewegungen etc.).

Lernen am Erfolg/Misserfolg: Auf diese Weise lernen Hunde lebenslang. Es bedeutet, dass sie ein Verhalten, das ihnen Erfolg brachte, beibehalten, dass sie aber ein über längere Zeit erfolgloses Verhalten nicht mehr zeigen.

Assoziationen: Hier werden mindestens zwei Ereignisse miteinander in Verbindung gebracht, wobei es zu einer Kopplung im Gehirn kommt.

Konditionierung: Darunter versteht man den Vorgang, bei dem die Assoziation bei ausreichend häufiger Wiederholung in kurzem Zeitabstand dermaßen fest im Gehirn verankert ist, dass ein Element der gekoppelten Ereignisse ausreicht, um eine beobachtbare Verhaltensreaktion auszulösen.

Soziales Lernen: Hierbei geben Elterntiere bzw. menschliche Bindungspartner aktiv Tipps zur Optimierung bestimmter Verhaltensweisen, etwa bei der Jagdmethodik. Nach einem gewissen Vortraining einzelner Elemente bzw. Handlungsketten (wie Apportieren, Sprünge auf Gegenstände) sind Hunde später in der Lage, vom menschlichen Bindungspartner demonstrierte und vorgeführte Handlungen, die sie bisher noch nicht kannten, zu wiederholen (etwa eine Tür zu öffnen).

Einsichtiges Lernen: Hierbei kombinieren Hunde bestimmte Aktionen bzw. Handlungen, um ein Ziel zu erreichen, ohne vorher aber den Weg dahin lernen zu können. Sie erfassen neue, bisher noch nie geübte Situationen und scheinen sich Gedanken darüber zu machen, wie sie an ein Ziel gelangen könnten.

167. Lernen – Auslernen: Wann hat ein Hund »ausgelernt«?

?

Hunde haben niemals »ausgelernt«! Lernen ist als ein biologischer und sehr komplexer Vorgang bestimmten Regeln unterworfen und findet immer, also 24 Stunden am Tag und dies lebenslang, statt! Die positiven und negativen Erfahrungen (Erfolg und Misserfolg), die der Hund dabei macht, werden als Informationen im Kurzzeit- bzw. Langzeitgedächtnis gespeichert.
Im Alter lässt die Lernfähigkeit bzw. die Stresskompatibilität etwas nach, die Tiere werden gegenüber äußeren Reizen zunehmend intolerant und ziehen sich häufiger zurück. Diesem altersbedingten Verhalten sollten Sie unbedingt Rechnung tragen.

168. Lernen – Gelerntes vergessen: Ich hatte meinem Hund den Trick »Licht einschalten« beigebracht. Lange Zeit habe ich den Trick nicht abgefragt, jetzt scheint ihn der Hund vergessen zu haben. Kann das sein?

?

Hunde vergessen einmal hergestellte Assoziationen dann leicht und schnell, wenn diese lediglich im Kurzzeitgedächtnis verankert sind, das heißt nicht entsprechend häufig (und intermittierend) wiederholt wurden. Gelerntes wird nur dann im Langzeitgedächtnis gespeichert, wenn es zu nachhaltigen Synapsenveränderungen im Gehirn kommt. Aber auch Inhalte bzw. Verhaltensschemata, die bereits ins Langzeitgedächtnis übernommen wurden, können verblassen, werden sie über lange Zeit nicht mehr vom Tier genutzt. Dabei vermutet man in Studien aus der Humanpsychologie, dass diese Inhalte nicht gelöscht, sondern lediglich »verschüttet« sind. Dies könnte erklären, weshalb Ihr Hund den Trick »Licht einschalten« bis zum Alter von einem Jahr perfekt ausführte, dann bis zum Alter von zehn Jahren nie wiederholend übte und sich nun auch nicht mehr daran erinnern kann.

169. Lernen – Namen neu lernen: Ich habe kürzlich aus dem Tierheim einen Hund übernommen. Ist es möglich, ihm einen anderen Namen zu geben?

Apportieren von Alltagsdingen wie Zeitungen kann eine sinnvolle Beschäftigung und bindungsfördernd sein.

Wenn Sie den Namen des Hunds zum sogenannten Aufmerksamkeitssignal aufbauen (→ Frage 166) und den Hund immer mit einem Leckerli belohnen, wenn er darauf reagiert, dann können Sie auch ein älteres Tier innerhalb weniger Wochen auf einen anderen Namen »umtaufen«, wenn Sie dies für erforderlich halten. Jedoch sollten Sie beachten, dass sich der Hund über die Jahre an die ursprüngliche Anrede gewöhnt hat und es ihm beispielsweise nach Übernahme aus dem Tierheim oft leichter fällt, sich bei Ihnen zurechtzufinden, wenn er seinen Namen behält.

170. Lernen – Problemlösung: Kann es sein, dass ein Hund seinen Halter »ruft«, wenn er ein Problem allein nicht lösen kann? ?

Ja, das haben Sie richtig beobachtet. Egal, ob sich ein Hund hinter einem Absperrgitter verlaufen hat und das »Schlupfloch« im Zaun nicht mehr findet oder ob er trotz großer Anstrengung den geliebten Ball unter dem Schrank mit der Pfote nicht erreichen kann, er schaut seinen Besitzer an, läuft zu ihm oder versucht es mit der beim Menschen effektivsten Kommunikationsform, dem Bellen. Er macht aber auch nonverbal auf das Problem aufmerksam – nämlich mit dem im

Zusammenleben mit Tieren einzigartigen »Hundeblick«. Während zum Beispiel Katzen, Wölfe oder Menschenaffen in solchen Situationen keine Hilfe vom Menschen suchen und es lieber selbst probieren, schauen Hunde öfter alternierend zwischen Problem (Ball unter Schrank) und Besitzer hin und her. Dieser Blick hat Aufforderungscharakter, nach dem Motto: »Bitte, hilf mir!«, und zwar ungeachtet der Tatsache, ob der Hund weiß, dass wir den Gegenstand sehen oder nicht. Voraussetzung für diese Zusammenarbeit ist jedoch ein im gegenseitigen Vertrauen eingespieltes Hund-Mensch-Team!
Was der Hund aus dem Handeln des Besitzers – Bücken und Hervorholen des Balls – wiederum lernt, ist ebenso klar: Er wird diesen Hilferuf bei nächster Gelegenheit wieder anwenden.

171. Lernen – Rassen: Gibt es Hunderassen, die besonders leicht lernen?

Hierbei gibt es besonders viele Vorurteile und wenig gesichertes Wissen. Dem Border Collie automatisch und allgemein eine hohe und dem Bobtail oder dem Afghanen eine geringe Intelligenz zuzuschreiben, ist alles andere als korrekt. Auch können verschiedene Lerntests, in denen bestimmte Rassen besonders gut oder schlecht abschnitten, nicht als pauschale Einschätzung von kognitiven Leistun-

INFO

Motivation
Motivation kann man als einen Zustand der Bereitschaft zum Handeln bezeichnen, um zunächst lebensnotwendige Bedürfnisse (Nahrung) zu decken, Schäden zu vermeiden sowie die Fortpflanzung zu gewährleisten. Motivierte Hunde sind bereit, sich an verändernde Bedingungen anzupassen bzw. neue Umweltbedingungen aufzusuchen (Flucht bei Angst).

gen einzelner Rassen dienen. Eventuell kann man »moderneren« Rassen eine höhere Intelligenz als verbesserte Anpassungsfähigkeit im Zusammenleben mit uns Menschen zuschreiben. Überdies haben sich viele Hunde(-rassen) zu »Spezialisten« entwickelt, die jeweils über spezielle Fähigkeiten verfügen, die andere Vertreter wiederum nicht haben. Auch sind Lernfähigkeit bzw. kognitives Leistungsvermögen nicht vom Geschlecht abhängig, sondern von der Veranlagung und Persönlichkeit des einzelnen Tiers hinsichtlich Verspieltheit, Neugier, Motivation und Angstfreiheit sowie sozialer Kompetenz.

172. Lügen: Können Hunde lügen bzw. bewusst täuschen?

Ja und nein. Hunde können Menschen und ihre Artgenossen äußerst effektiv täuschen, wenn auch nicht im menschlichen Sinn belügen. Während sich Menschen beim Lügen zumeist auf ihre verbalen Fertigkeiten verlassen und dem Gegenüber bewusst eine Unwahrheit zumuten, die dieser dennoch als Wahrheit glauben und annehmen soll, täuschen Hunde nonverbal, indem sie ihre Sozialpartner (Artgenossen und Menschen) per Mimik, Gestik und Körpersprache täuschen bzw. ablenken. Mensch wie Tier lügen bzw. täuschen, um einen persönlichen Vorteil zu erlangen, Strafen bzw. allgemein negativem Stress zu entgehen bzw. wissentlich eine üblich reglementierte Handlung unentdeckt durchführen zu können. So testen Hunde während der innerartlichen Kommunikation durch das wissentliche Aussenden »falscher« Signale den anderen, indem sie sich beispielsweise in einem Täuschungsspiel mit tiefem Grollen potenziell gefährlicher geben, als sie sind bzw. sein wollen. Oder aber sie zeigen ein übertrieben unterwürfiges Verhalten, um sich an begehrte Futterressourcen oder Spielzeug heranzuschleichen und sich in einem Augenblick der Unachtsamkeit daraufzustürzen.

173. Sinne – Augenstellung: Hat die Augenstellung Auswirkungen auf die Sehfähigkeit?

Die Sehfähigkeit hängt vor allem von der Augenstellung ab. Dabei gilt: Je weiter die Augen auseinanderliegen, desto größer ist der Blickwinkel (Sehfeld) und damit der mögliche Rundblick. Ein großes Sehfeld geht jedoch einher mit einem eingeschränkten Sehbereich, den der Hund mit beiden Augen sieht, und damit mit eingeschränkter räumlicher Tiefenwahrnehmung (Stereosehen). Hunde, deren Augen nah beieinanderliegen und deren Blick damit eher nach vorn gerichtet ist, haben ein ähnliches Sehfeld wie wir. Die Stellung der Augen erlaubt ein verbessertes Tiefen- bzw. Stereosehen. Der dreidimensionale Bereich liegt für Hund und Mensch gleichermaßen bei 120°.

174. Sinne – Berührungsempfindlichkeit: Jedes Mal, wenn sich eine Fliege auf den Rücken meines Bernhardiners setzt, schnappt er danach. Spürt er die Fliege tatsächlich durch sein dickes Fell?

Ja, Hunde spüren auch sehr leichte Berührungen und reagieren auf oberflächliche Tast- und Berührungsreize weitaus sensibler, als vielfach angenommen. Grundlage dafür sind die in der Haut bzw. Unterhaut liegenden Rezeptoren für Tast-, Druck-, Schmerz- und Temperatursinn. Diese winzig kleinen »Empfangsapparate« nehmen bestimmte Reize aus der Außenwelt auf

Mit allen Sinnen wird aufmerksam und motiviert die Welt erkundet. Besonders wichtig sind der Geruch und das Gehör.

und geben sie über Nerven an das zentrale Nervensystem (Gehirn und Rückenmark) zur Verarbeitung weiter. Diejenigen Rezeptoren, die unmittelbar unter der Hautoberfläche liegen, sind für die oberflächliche Sensibilität verantwortlich. Im Übrigen zeigen bereits zwei Wochen alte Welpen diese Abschüttelreaktion.

175. Sinne – Farbensehen: Können Hunde Farben sehen? ?

Es ist derzeit noch nicht völlig geklärt, welche Farben Hunde erkennen können. In der Netzhaut des Hundeauges befinden sich neben den Stäbchen, die verantwortlich für das Schwarz-Weiß-Sehen sind, auch Lichtrezeptoren für Farben, die sogenannten Zapfen. Diese brechen ähnlich wie Prismen das weiße Licht und ermöglichen so das Erkennen von Spektralfarben. Bei Hunden geht man dabei von einem dichromatischen Farbensehen (Blau und Gelb) aus, während der Mensch trichromatisch, also drei Farben (Rot, Gelb, Blau), sehen kann. Die Farben Grün, Gelb, Orange, Rot und deren Mischungen bzw. Übergänge können Hunde vermutlich nicht unterscheiden. Andere Forschungen gehen von einer Rot-Grün-Blindheit aus oder davon, dass für Hunde die Farben Grün, Gelb und Orange immer gleich aussehen und ihnen Blau und Grün als Weiß erscheinen.

176. Sinne – Fernseher: Weshalb geht mein Hund aus dem Raum, wenn ich abends fernsehe? ?

Hunde haben andere Sehgewohnheiten. Einerseits sind sie in Bezug auf das Erkennen von Farben, Seh- und Tiefenschärfe im Vergleich zum Menschen im Nachteil, andererseits haben sie bei schlechten Lichtverhältnissen, beim Bewegungssehen, beim Sehwinkel und bei der Differenzierung von Grautönen die »Augen« vorn. Zudem können Hundeaugen nur

Bildfolgen in einer Frequenz von 70 bis 80 Hertz auflösen, wohingegen viele ältere Fernsehgeräte nur mit einer Leistung von 50 Hertz ausgestattet sind, die für das menschliche Auge völlig ausreichen. Diese 50 Halbbilder pro Sekunde sind jedoch für Hundeaugen zu langsam, sodass das Bild für sie »flimmert« und sie sich in der Folge langweilen oder vom Fernsehen unangenehm berührt distanzieren. Bei der neuen 100-Hertz-Technik (100 Einzelbilder pro Sekunde) haben Hund und Mensch ein flimmerfreies Bild. Allerdings können auch die unterschiedlichen Hörleistungen bei Mensch und Tier bezüglich Frequenz und vor allem Lautstärke dazu führen, dass der Hund Angst- oder gar Aggressionsreaktionen gegenüber dem Fernsehgerät entwickelt.

177. Sinne – Nachtsicht: Warum kann mein Hund in dunkler Nacht zum Beispiel durch einen Park gehen, ohne irgendwo anzustoßen? ?

Hunde sind tatsächlich in der Lage, auch bei wenig Licht, also in der Dämmerung oder nachts, zu sehen. Verantwortlich für diese Fähigkeit sind spezielle Lichtrezeptoren für hell und dunkel, die sogenannten Stäbchen, die sich ebenso wie die Zapfen (→ Frage 175) in der Netzhaut des Auges befinden. Diese Stäbchen reagieren auf weißes, unzerteiltes Licht. Hunde haben mehr Stäbchen als Zapfen, dadurch können sie in der Dämmerung und Dunkelheit, der ursprünglich normalen Aktivitätszeit der Hundeartigen (Caniden), besser sehen als der Mensch. Diese Leistung wird zusätzlich durch eine hinter der Netzhaut des Auges (in der Aderhaut) liegende spiegelähnliche Fläche, das Tapetum lucidum (lateinisch = »leuchtender Teppich«), optimiert. Das Licht, das die Netzhaut bereits passiert hat, wird dort noch einmal reflektiert und so erneut genutzt. Diese Reflexionsschicht ist bei vielen nachtaktiven Tieren als Spiegelfläche zu sehen, sobald in der Dunkelheit Licht auf die Augen fällt.

DIE SINNESLEISTUNGEN DER HUNDE

Riechen: Durchschnittlich 200 Millionen Riechzellen und ein Befeuchten der Nase helfen dem Hund, bestimmte Geruchsstoffe aufzunehmen. Die Anzahl der Riechzellen hängt mit der Größe und Länge der Nase bzw. mit der daraus resultierenden Riechepithelfläche zusammen. So weist ein Teckel 125 Millionen Riechzellen auf 75 cm^2, ein Deutscher Schäferhund 220 Millionen auf 150 cm^2 und der Mensch acht Millionen Riechzellen auf 5 cm^2 Riechepithelfläche auf.

Hören: Der Hörbereich des Hunds liegt zwischen 15 und 60.000 (100.000) Schwingungen pro Sekunde (Hertz). Bei 1000 bis 16.000 Hertz ist sein Hörvermögen optimal. Hunde hören vermutlich im niedrigen Frequenzbereich genauso gut wie Menschen, während sie im hohen Frequenzbereich (Ultraschall ab 20.000 Hertz) Töne hören, die wir nicht mehr wahrnehmen. Unsere Hörgrenze liegt bei der Geburt bei 30.000 Hertz und verringert sich im Alter auf 12.000 Hertz und weniger. Überdies sind Hunde in der Lage, aus einer viermal größeren Entfernung noch Geräusche aufzunehmen und aus über 60(!) Tönen bestimmte Geräusche herauszufiltern.

Gesichtssinn: Hunde haben in der Netzhaut verschiedene Rezeptoren für Lichtreize. Die Anzahl der Stäbchen überwiegt:

- Stäbchen: Sie reagieren auf weißes, unzerteiltes Licht. Damit können Hunde auch bei wenig Licht oder in der Dämmerung sehen.
- Zapfen: Sie sind zum Farbensehen notwendig. Sie reagieren auf gebrochenes Licht und ermöglichen so das Erkennen von Spektralfarben. Das Farbensehen ist bei Hunden noch ungeklärt, vermutlich sehen sie Gelb und Blau.

Schmecken: Untersuchungen zufolge hat der Hund mit etwa 1700 Geschmacksknospen auf den Papillen der Zunge viel weniger als wir Menschen (ca. 9000). Um schmecken zu können, müssen Nahrungsbestandteile als Moleküle im Speichel gelöst werden. Hunde reagieren wie der Mensch auf salzig, sauer, bitter und süß, wobei sie bittere und saure Stoffe in der Regel ablehnen und auch gesalzene Nahrung weniger häufig fressen.

178. Sinne – Riechvermögen: Stimmt es, dass Hunde Krebs riechen können?

Bereits vor über 3000 Jahren nutzte man im alten China Hunde zur Riechdiagnostik von Erkrankungen. Ausgebildete Krebsspürhunde werden mittlerweile weltweit darauf trainiert, Geruchsproben gesunder und kranker Tiere zu unterscheiden, um dann ebenfalls in der humanmedizinischen Tumordiagnostik Krebsleiden von Darm, Lunge, Brust, Blase, Haut und anderen Organen zu erkennen. Mittlerweile liegen die Erfolgsquoten bei bis zu 99 Prozent, wobei die Hunde Tumorerkrankungen bereits im Frühstadium diagnostizieren können. In einigen Publikationen wurde davon berichtet, dass manche Hunde ein Tumorleiden auch ohne spezielle Ausbildung erkannten und dem betreffenden Menschen anzeigten, indem sie dessen Hautpartie leckten. Bei weiteren Untersuchungen erwies sich diese als Melanom im Anfangsstadium. Jede Krankheit, so auch Krebserkrankungen, verändert den körpereigenen Geruch eines Lebewesens. Auffällig dabei ist, dass spezifische Geruchsstoffe, sogenannte chemische Indikatoren, über Körperausscheidungen wie Speichel, Atemluft, Kot und Urin in die Umgebung abgegeben werden. In Tumorzellen bzw. entartetem Gewebe finden sich zum Beispiel Benzole und Spuren alkalischer Derivate, die im unveränderten Gewebe nicht vorkommen. Hunde können diese Stoffe sicher aus unzählig vielen anderen herausfiltern. Mittlerweile nutzt man die Spürnasen auch zur Diagnostik von Allergien sowie bei der Suche nach Schimmelpilzen in Gebäuden und nach Schädlingen in der Land- und Forstwirtschaft.

179. Sinne – Scharf sehen: In welchem Bereich können Hunde Objekte scharf sehen?

Hunde sehen im Nahbereich eher grobkörnig und können erst ab einem Abstand von etwa 35 bis 50

Zentimetern das Gegenüber fokussieren. Darüber hinaus sind sie nur innerhalb eines Bereichs von etwa sechs Metern (Mensch bis über 20 Meter) in der Lage, die Objekte bzw. Subjekte wirklich »scharf« zu stellen. Die Sehschärfe des Menschen wird bis zu sechsfach besser angegeben.

180. Sinne – Sichtjäger: Man liest immer wieder, dass Hunde »Sichtjäger« sind. Was heißt das? ?

Hunde sehen die Dinge der Welt anders als wir. Sie sind buchstäblich weitsichtiger! Kleinste Bewegungen in großer Entfernung sind für sie auch bei Dämmerung sicher wahrnehmbar. Dies macht auch stammesgeschichtlich Sinn. Da ihre Augen mehr oder weniger stark ausgeprägt seitlich am Kopf liegen, haben sie ein Sehfeld von 250 bis 290° (= gutes Bewegungssehen). Damit haben sie einen breiten Blickwinkel und können so besser die Umgebung nach Beutetieren absuchen. Sie sind also »Sichtjäger mit Überblick«, das heißt, sie erfassen Bewegungen in großer Entfernung.

181. Sinne – Tasthaare: Wofür brauchen Hunde die längeren Haare an Lefzen, Stirn und Augenbrauen? ?

Diese Haare, die sogenannten Sinushaare oder Vibrissen, sind besonders sensible Tasthaare, auf die die Hunde während der Erkundung ihrer Umwelt angewiesen sind. Sie sind starrer als normale Körperhaare mit tiefer liegenden Wurzeln und sind außerdem mit zahlreichen Tastrezeptoren ausgestattet. Diese Tasthaare fungieren nicht nur als kommunikativ-mimische Signale während eines Zusammentreffens mit Sozialpartnern, sondern auch als eine Art »Antennen-Frühwarnsystem«, um sich vor Gesichtsverletzungen besonders im Lefzen- und Augenbereich zu schützen. Die Vibrissen sind dermaßen sensibel, dass der Hund einen Gegenstand, der ihm den Weg versperrt, nicht mal berühren muss. Bereits ein durch die Bewegung des Hunds ausgelöster, an den Tasthaaren entlangströmender und durch den Gegenstand beeinflusster Luftstrom lässt ihn das Hindernis wahrnehmen.

182. Sinne – Tonhöhe: Kann es sein, dass Hunde auf verschiedene Stimmlagen und -höhen unterschiedlich reagieren?

Das Hörvermögen des Hunds ist viel leistungsfähiger als das des Menschen. So werden Geräusche auch über große Distanzen wahrgenommen. Hunde sind demnach sehr geräuschsensibel. Mit hoher Stimmlage kann der Besitzer seinen Hund eher aktivieren bzw. zum Spiel auffordern. Soll sich der Hund hingegen ruhig verhalten, sind tiefere Töne, die ruhig ausgesprochen werden, angebracht.

183. Spielen – Abbruch: Warum ist es wichtig, dass der Hund ein Abbruchsignal kennt?

Zerr- und Anspringspiele sowie Kampfspiele sind ohne verlässlich abrufbare Abbruchkommandos nicht ungefährlich. Denn aus einem »normalen« Spiel kann sich ein subtiles Kampf- und Rangelspiel entwickeln, in dessen Verlauf sich der Hund so hineinsteigert, dass er schnappen oder beißen kann. Daher ist es wichtig, dass er sich mit einem Abbruchsignal stoppen lässt.

184. Spielen – Allein spielen: Mein Hund spielt mit Grasballen oder Blättern. Bedeutet das, dass er mit sich allein spielt?

Ja, solche Spiele mit sich selbst nennt man Solitärspiele. So werfen sich Hunde kopfüber in eine Schneewehe, reiben ihren Körper mit Quiek- und Grunzlauten im Stroh oder schnappen übermütig nach fallenden Blättern. Vielfach beschäftigen sich spielbegeisterte Tiere mit Gegenständen aus der Umgebung. Sie fixieren Flaschen, Stöcke oder Grasballen, betasten und beknabbern sie, schütteln und zerbeißen sie, um sie dann hoch in die Luft zu schleudern, wieder zu fangen und übermütig wegzutragen. Ferner spielen Hunde auch mit eigenen Körperteilen oder zeigen solitäre Rennspiele (»Rennen ohne vernünftigen Grund«), um vorangegangenen Stress abbauen zu können.

Das Ausgeben von Dingen aus dem Fang will geübt sein. Am besten funktioniert das »Aus« als Tauschgeschäft.

185. **Spielen – Alter Hund: Mein Hund ist schon neun Jahre alt und spielt immer noch gern. Ist das gut für ihn?** ?

Spielen ist wichtig und hält Hunde körperlich wie geistig im jeweils individuell möglichen Rahmen fit. Deshalb sollten auch erwachsene Hunde noch Spielverhalten sowohl gegenüber Sozialpartnern als auch als Eigenbeschäftigung (Solitärspiele) bis ins hohe Alter zeigen dürfen. Insbesondere im Alter ist das Spielen als »Coping-Strategie« (→ Info, Seite 121) zur Stressbewältigung und zum Abbau negativer Erregung, als Möglichkeit der Deeskalation bei drohenden Auseinandersetzungen sowie zur Kontaktaufnahme mit Sozialpartnern sehr hilfreich. Hunde, die im hohen Alter noch spielerisch neue Kommandos lernen wollen und können, fühlen sich in der Regel wohl.

186. Spielen – Kind und Hund: Welche Spiele mit Hunden sind auch für Kinder geeignet?

Für Kinder bis zum Pubertätsalter sind wilde Renn- und Verfolgungsspiele sowie Zerren an Gegenständen ungeeignet, weil sie dabei schnell den Kürzeren ziehen (→ Tabelle, Seite 154). Kinderhaut ist generell empfindlicher gegenüber Kratz- und Bissverletzungen, auch sind die durch Umgestoßenwerden entstehenden stumpfen Traumata nicht ungefährlich.
Eine tolle Bereicherung für Kind und Hund stellen dafür Futtersuch- und Futtererarbeitungsspiele, Kommandotraining, Apportierspiele sowie Geschicklichkeits- und Partnerspiele im Garten oder freien Gelände unter Anleitung Erwachsener dar.

187. Spielen – Nutzen: Welchen Nutzen hat das Spielen für den Hund?

Hierbei muss man unterscheiden zwischen Nutzen für den Augenblick und Nutzen für später.
➤ Im Augenblick dient das Spiel als »Coping-Strategie« zur Stressbewältigung (→ Info, Seite 121), als taktische Variante der Deeskalation bei drohenden Auseinandersetzungen (»Pufferfunktion«) oder als

INFO

Funktion von Sozialspielen
Für einen erwachsenen Hund ist es wichtig, Sozialpartnern auch spielerisch »Friedensangebote« machen zu können bzw. sich der Situation gemäß richtig zu verhalten, ohne Schaden zu nehmen. Müsste der Hund dann erst lernen, wie er mit den anderen art- und situationsgemäß kommuniziert, und ausprobieren, wie er sich in derartigen Situationen am besten verhält, kann dies schlimm für ihn enden! Hingegen kann ein echter und souveräner »Spieler« perfekt sein Überleben sichern!

»Spieltrick«, um an Ressourcen (Futter, Plätze, Spielzeug) zu gelangen. Spielend stellen Hunde Kontakt zum Sozialpartner (Mensch, Artgenosse) durch Distanzverringerung her bzw. erhalten ihn aufrecht, sie bauen damit Verunsicherung und negative Erregung ab und verbessern die Umweltkontrolle. Spiel versetzt Hunde in einen erhöhten Bereitschaftszustand (»Stand-by-Modus«) und fördert dadurch die Aufmerksamkeit beim Lernen.

➤ Für die Zukunft ist Spielen wichtig, um das Muskelwachstum und die Entwicklung der Sinne beim Welpen zu fördern sowie die Beweglichkeit und Koordinationsfähigkeit zu steigern. Im Spiel erhalten die Hunde Kenntnisse über soziale Zusammenhänge im Rudel, sie erlernen die Hundesprache, üben soziale Rollen (= Lernen von »Hausregeln« und Fairness) ein und lernen die eigene Aggressions- und Frustrationskontrolle kennen. Durch das Spielen werden langfristige Lernvorgänge und Flexibilität bei unerwarteten Ereignissen gefördert oder neue und qualitativ verbesserte »geistige Horizonte« erreicht.

188. Spielen – Soziale Rollenspiele: Wenn ich im Garten arbeite, schnappt sich manchmal mein Hund den Arbeitshandschuh und rennt damit weg. Warum macht er das? ?

Auf diese Weise lädt Ihr Hund Sie ein, ihm hinterherzujagen. Ähnlich wie Hunde miteinander spielen, haben auch wir Hundebesitzer die Möglichkeit, darauf mit sozialen Rollenspielen zu reagieren. So können wir einen Überfall initiieren, indem wir mit Händeklatschen, »unheimlichen Lauten« und weit ausgebreiteten Armen einem Adler gleich auf den Hund »zuschweben« und diesen spielerisch bedrohen. Diese Aufforderung wird der Hund zumeist laut bellend, mit typischem Spielgesicht und zwischen spielerischem Angriff mit Anspringen und Flucht wechselnd, freudig beantworten.

RICHTIGES VERHALTEN BEI KIND-HUND-SPIELEN

So reagieren Sie richtig, wenn

- der Hund droht oder knurrt, weil er keine Lust mehr zum Spielen hat, das Kind ihn aber weiter bedrängt und er nicht mehr ausweichen kann: Nehmen Sie diese Verwarnung immer ernst, bestrafen Sie aber den Hund nie dafür! Sagen Sie dem Kind, dass es den Blick und Kopf abwenden, sich mit langsamen Bewegungen zurückziehen und den Hund in Ruhe lassen soll.
- das Kind Angst bekommt, weil das Spiel mit dem Hund zu wild oder zu stürmisch geworden ist: Sagen Sie ihm, dass es ruhig stehen bleiben, den Hund weder anschauen noch ansprechen oder berühren soll und vor allem die Hände unten lassen soll. Auf keinen Fall darf es hektisch, evtl. mit Kreischen, wegrennen; das veranlasst den Hund umso mehr zum Jagen und Verfolgen.
- das Kind bei wilden Verfolgungsrennen hinfällt, weil der Hund seinen Spielkumpanen auf »Balgerqualitäten« getestet hat: Um zu verhindern, dass der Hund in dieser Situation spielerisch mit den Pfoten kratzt oder nach dem Kopf schnappt, weisen Sie das Kind an, sich quasi zu einer Kugel zusammenzurollen und dabei Gesicht, Nacken und Hals mit den Händen zu schützen. Sie können diese Übung auch als »Igelspiel« mit dem Kind üben. Das Kind sollte so lange als Kugel liegen bleiben, bis sich der Hund entfernt.

So reagiert das Kind richtig, wenn

- der Hund das Kind anspringt oder wenn er schmerzhaft und penetrant »pfötelt«: Das Kind sollte sofort den Kontakt zum Hund beenden, sich von ihm wegdrehen und stehen bleiben, ohne ihn zu beachten. Erst wenn der Hund ein erwünschtes Verhalten zeigt, zum Beispiel sich vor das Kind setzt, kann das Spiel weitergehen.
- der Hund spielerisch nach dem Kind oder dessen Kleidung schnappt oder beißt: Aufbauend auf die bereits trainierte Beißhemmung durch die Eltern, können Kinder diese weiter perfektionieren, indem sie ebenso wie die Eltern laut und vernehmlich »Au« rufen, sich wegdrehen und stehen bleiben. Das Kind sollte das Spiel erst dann fortsetzen, wenn sich der Hund beruhigt hat.

189. Spielen – Spielaufforderung: Wie zeigt mein Hund, dass er zum Spielen aufgelegt ist?

»Spielgesicht« und »Vorderkörpertiefstellung« (→ Fotos, Seite 42 und 85) sind die verlässlichsten Signale, die spielbegeisterte bzw. zum Spielen motivierte Hunde ihren Sozialpartnern, egal ob Mensch oder Artgenosse, zeigen können. Ein weiteres Zeichen einer Spielaufforderung ist ein bestimmtes Spielen mit Gegenständen (Objektspiel). Dabei laufen die Hunde zum Gegenüber, springen mit den Vorderläufen in die Luft, tragen ein Objekt (Objekttragen) mit Blick zum Spielpartner, lassen es wenig später fallen oder »klauen« einen Schuh oder den Ball (Objekt wegnehmen), um das Gegenüber zum Mitspielen zu animieren. Des Weiteren pföteln sie, springen im Kreis, springen vorn hoch bzw. den Partner an, scharren, schleudern den Kopf oder gesamten Körper, werfen sich auf den Boden oder starten einfach rennend durch.
Hunde bekräftigen ihren Wunsch nach Spiel auch akustisch, indem sie häufig melodisch spielknurren, fiepen, winseln oder in den höchsten Tönen bellen.

190. Spielen – Spielen mit Artgenossen: Wie spielen Hunde miteinander?

Hunde bevorzugen gegenüber Artgenossen allgemein soziale Spiele, Jagdspiele und Objektspiele mit sozialer Aufforderung. Bei den Sozialspielen handelt es sich zumeist um Initialspiele, Kampf- oder Rennspiele bzw. Spiele im Verlauf des Ranzverhaltens (→ Frage 103) oder Sexualspiele beim Rüden in Form von Aufreiten mit rhythmischen Beckenstößen. Erwachsene Hunde zeigen kindliches Spielverhalten zur Beschwichtigung und Konfliktvermeidung. Während der Kontakt- oder Beißspiele gibt es eine Rollenverteilung in »Angreifer« und »Verteidiger«, wobei diese schnell wechseln kann. Mit weit aufgerissenem Maul und fehlender Drohmimik wird häufig lautlos und mit starker Beißhemmung gerungen. Dabei werden viele Elemente wie Frontalstehen, Kopfheben, Heben der Vorderpfote, Beißen, Beißschütteln und Fellziehen, Überrollen, Hochspringen, Umklammern, Abwehr auf dem Rücken, Schieben, Hinterteilzudrehen und Niederdrücken gezeigt, ähnlich den ernsthaften Hundebegegnungen, jedoch mit eindeutig spielerischem Kommunikationsinhalt. Auch jagen sich Hunde gern und vollführen sogenannte Rennspiele mit Folgelauf, typischem Zickzackkurs, Hoppelgalopp, Buckelrennen oder Überspringen des Spielpartners. Auslöser dafür kann auch das spielprovozierende Zeigen einer Trophäe (Grasballen, Stock, Ball) sein, um den Partner zum Abjagen der Spielbeute zu provozieren.

191. Spielen – Verfolgungsspiele: Mein Hund ist schnell erregt. Ist es dann gut, mit ihm Renn-, Zerr- und Verfolgungsspiele zu machen? ?

Voraussetzung für Verfolgungs- und Rennspiele ist ein wirklich entspanntes und jagdintensionsfreies Verhältnis zwischen Besitzer und Tier. Außerdem ist es wichtig, dass der Hund die Beißhemmung perfekt erlernt hat und diese täglich trainiert wird. Das gilt besonders, wenn er schnell erregt ist. Wenn Zweifel über das Verhältnis zum Vierbeiner bestehen, sind derartige Spiele natürlich nicht zu empfehlen!

192. Spielen – Vertraute Umgebung: Weshalb spielen einige Hunde häufiger zu Hause, im Garten oder in einer sonstig gewohnten Umgebung als auf unbekanntem Terrain? ?

Es gilt allgemein der Grundsatz: Entweder spielen oder erkunden – beides kann und wird nicht gleichzeitig gezeigt. Besonders in früher Welpenphase erkunden die Kleinen die Welt entweder neugierig und angstfrei oder sie lernen Objekte oder Artgenossen im

Spiel kennen (→ Frage 6). Wer neugierig die Welt erkunden und erforschen will, hat zunächst weder Zeit noch Lust zu spielen. Erst wenn ein bestimmter Bereich der Umwelt als ungefährlich gilt, lässt es sich dort bei Bedarf angstfrei spielen. Deshalb spielen viele Hunde, vor allem jüngere, oft in einem entspannten Umfeld wie Haus und Garten oder an häufig besuchten Orten außerhalb des Kernterritoriums.

193. Strafen: Kann man Hunde strafen?

Nein. Direkte (negative) Strafmaßnahmen durch den Menschen gegenüber dem Tier können als Korrekturelement keinen Einsatz finden, da der Mensch inkom-

BEVORZUGTE SPIELE BESTIMMTER RASSEN

Normalerweise springen oder rempeln sich Hunde im Spiel an, inszenieren Überfälle, werfen sich gegenseitig um und beißen gehemmt in Hals und Nacken. Auch reiten sie dabei auf bzw. umklammern mit den Vorderläufen den Körper des anderen.

Retriever und ähnliche Rassen lieben partnerbezogene Objektspiele, indem sie sich gegenseitig Bälle oder Stöcke im lockeren »Staffellauf« abjagen oder daran zerren (Zerrspiele).

Windhunde bevorzugen Sprints und allgemeine Rennspiele im Zickzackkurs. Häufig lassen sich Rennspiele mit Rollenwechsel zwischen »Jäger« und »Gejagtem« besonders bei Hunden eines Rudels bzw. befreundeten Tieren beobachten.

Terrier sind für Kampfspiele mit spielerischem Rückenbeißen und Schütteln und wilden Verfolgungsjagden mit wechselnden Rollen von Angriff und Verteidigung zu begeistern. Oft ringen sie lautlos und mit exzellenter Beißhemmung.

Hütehunde wie Australian Shepherds oder Border Collies laufen im Kreis, lauern, umzingeln, verfolgen geduckt, legen sich ab oder schleichen sich spielerisch an.

petent ist, korrekt und folgerichtig zu strafen. Die Voraussetzungen einer erfolgreichen Strafanwendung beim Tier (Timing, Intensität, Konsequenz) erfüllen nur die jeweiligen Artgenossen, indem sie genetisch determinierte Korrektursignale erfolgreich einsetzen.

194. Strafen – Artgerecht strafen: Kann der Mensch einen Hund artgerecht strafen?

Ja, indem er sogenannte »Eu-Stress-Strafen« anwendet. Sie sind als Korrektur effektiv und ohne negative Nebenwirkungen. Nach den Regeln der Lerntheorie wird ein Hund ein unerwünschtes Verhalten dann weniger häufig und weniger intensiv zeigen, wenn er damit entweder keinen Erfolg hat, wenn ihm etwas Angenehmes vorenthalten (»Eu-Stress-Strafe«) oder etwas Unangenehmes (»Di-Stress-Strafe«) zugefügt wird. So kann beispielsweise ein permanent um Aufmerksamkeit bellender Hund zunächst ignoriert (→ Frage 163) und sozial ausgeschlossen werden, indem sich der Besitzer demonstrativ entfernt. Hier wird dem Hund nichts Negatives zugefügt, sondern vielmehr etwas Positives genommen – nämlich die Anwesenheit eines Sozialpartners, der alle für den Hund wichtigen Ressourcen wie Streicheleinheiten, Futter oder soziale Integration verwaltet. Die Wegnahme von lebenswichtigen und positiven Dingen ist zwar ebenso eine Strafe, doch der Hund ist hierbei hoch motiviert, sich integrativ zu verhalten und sich die Ressourcen über ein erwünschtes Alternativverhalten wieder zu erarbeiten.

Vorenthalten bzw. Wegnehmen von Spielzeug kann eine wirksame, artgerechte Strafe für spielbegeisterte Hunde sein.

195. Strafen – Folgen für Mensch-Hund-Beziehung: Welche Folgen kann eine negative Bestrafung (Di-Stress-Strafe) des Hunds haben?

Dieses komplexe Thema kann hier nur kurz angerissen werden. Eine der häufigsten Nebenwirkungen von Strafe ist Angst. Sie beeinträchtigt nicht nur das normale tägliche Lernen (Training von Kommandos etc.) oder macht es unmöglich, sondern es kommt vielmehr zu klassischen Konditionierungsprozessen wie der Angst vor Händen (»Handscheue«). Durch die Angst sind das Vertrauensverhältnis und die Beziehung Hund – Halter oft nachhaltig gestört sowie Gegenaggression gegen Sozialpartner möglich.
Durch Strafe kann der Hund auch unerwünschte Verknüpfungen (Assoziationen) mit anderen zufälligen Reizen (Geräusche, Gegenstände, Gerüche, Personen, Tiere etc.) herstellen, die dann später vom Hund plötzlich als negativ empfunden werden und Angst und Aggression zur Folge haben. War die Strafintensität widernatürlich hoch, können Hunde von generalisierten Ängsten, Neurosen oder der Tendenz zu völliger Unterwerfung traumatisiert sein.

196. Strafen – Indirekte Strafe: Was versteht man unter »indirekter Strafe«?

Viele meinen damit das Anspritzen des Hunds mit einer Wasserpistole, den Wurf einer Metallkette in Richtung des Hunds sowie ferngesteuerte Halsbänder, die einen starken Luft- oder Flüssigkeitsstoß gegen die Hundeschnauze ausführen etc. Diese Maßnahmen sind jedoch direkte Di-Stress-Strafen, die nicht erfolgreich sind (→ Frage 194). Der Vorteil eines tatsächlichen indirekten und damit anonymen Strafens soll darin bestehen, dass der Hund einerseits Strafe und Gegenstand (etwa Mülleimer) dermaßen verknüpft, dass er seine Furcht vor dem negativ assoziierten Gegenstand auch in Abwesenheit des Besitzers beibehält. Andererseits soll durch die indirekte Bestrafung das Besitzer-Hund-Verhältnis nicht belastet werden. Unter Verwendung von Einmalhandschuhen, um Besitzergerüche auszuschließen, wird ein mit einer scharfen Substanz (Chili) präpariertes Futterstück im Mülleimer deponiert.

197. Strafen – Schnauzengriff: Eine Mutterhündin bestraft ihre Welpen mit dem Schnauzengriff. Kann ich dies ebenfalls als Form der Zurechtweisung einsetzen? ?

Mit dem »Schnauzenbiss« weist die Mutterhündin ihre renitent und schmerzhaft an den Zitzen ziehenden Welpen blitzschnell, jedes Mal und mit hinreichender Intensität zurecht, ohne sie dabei zu verletzen. Unter erwachsenen Hunden wird er hingegen meist nur angedeutet, um Überlegenheit im Rudel zu demonstrieren oder bei Streitigkeiten um Ressourcen. Wenden Sie diesen Schnauzengriff beim opponierenden oder gar aggressiv drohenden Hund an, so ist ein Biss in Ihre Hand sehr wahrscheinlich.

198. Strafen – Trainings-Discs: Ist der Einsatz von sogenannten Trainings-Discs empfehlenswert? ?

Dabei handelt es sich um Metallscheiben, die an einem Ring befestigt sind und im Training oft als negativer Verstärker verwendet werden. Sie werden in dem Moment unangenehm klingelnd neben dem Hund gegeneinandergeschlagen, in dem er eine Handlung unter- oder abbrechen soll. Sie können bei entsprechender Assoziation zur Frustrationserzeugung oder als Abbruchsignal verwendet werden oder ähnlich wie Wurfketten als akustischer Strafreiz fungieren.
Eine der häufigsten Nebenwirkungen dieser geräuschinduzierten Strafe sind Ängste, speziell Geräuschpho-

UNANGEBRACHTE STRAFEN

Die Anwendung dieser veralteten Strafmethoden wird häufig damit begründet, dass derartige Erziehungsmaßnahmen aus Beobachtungen von Hund-Hund-Kontakten stammen.

Die »Alpharolle«: Hierbei handelt es sich um ein großes Missverständnis und eine Fehlinterpretation tierischen Verhaltens durch den Menschen. Kein Hund wird einen anderen auf den Rücken werfen, damit sich dieser unterwirft. Ein derartig extrem ausgeführter Bodycheck ist nur bei sehr wenigen Hunden mit stark unsozialem Verhalten zu beobachten. Der so behandelte Artgenosse wird meist eine heftige und schmerz- bzw. schreckbedingte Gegenwehr zeigen. Allenfalls in Konkurrenzsituationen um Ressourcen (Futter, Spielzeug, Besitzer oder eigene körperliche Unversehrtheit) kann es dazu kommen, dass sich einer der beiden Hunde freiwillig dem anderen unterwirft und die Situation damit deeskaliert.
Versucht der Mensch, seinen Hund auf den Rücken zu werfen und ihn so in Verbindung mit verbalem Schelten unterzuordnen (da er als ranghöchstes »Alphatier« im Rudel Familie dieses Vorrecht beansprucht), um ihm sein Fehlverhalten zu verdeutlichen, versteht dieser das Prozedere keinesfalls als Unterordnungsübung. Vielmehr fühlt sich der Hund in seinem Leben bedroht und wird mit heftigster Gegenaggression oder völliger Unterwerfung reagieren.

»Nackenfell-Schütteln«: Welpen werden von ihren Müttern im Nackenfell umhergetragen, aber nie bei Fehlverhalten im Nacken geschüttelt oder gebissen. Ein Nackenfell-Schütteln zeigen Hunde lediglich beim »Totschütteln« der Beute oder im Ernstkampf mit Artgenossen. Schüttelt der Mensch seinen Hund im Nacken, löst dies entweder völlige Unterwerfung, Verwirrung, Hilflosigkeit oder heftigste Gegenaggression aus. Die Tiere empfinden Lebensgefahr, wobei als Folge leicht eine gesteigerte Angst vor Händen als die sogenannte Handscheue resultieren kann.

»Über-die-Schnauze-Fassen«: Dieses Verhalten kann durchaus erzieherisch wirken. So werden unter anderem renitente Welpen von der Mutterhündin zurechtgewiesen. Dabei fasst die Hündin blitzschnell (weniger als eine Sekunde) über den Fang des Welpen und setzt damit ein prägnantes Korrektursignal, ohne jedoch den Welpen zu verletzen. Für uns ist diese Form der Strafe nicht geeignet, weil wir weder die richtige Intensität noch die nötige Reaktionsschnelligkeit besitzen.

bien, wobei nicht nur das Lernen beeinträchtigt oder unmöglich gemacht wird, sondern es vielmehr zu klassischen Konditionierungsprozessen und unerwünschten Fehlverknüpfungen, wie der Angst vor Händen, Örtlichkeiten oder Personen (Besitzer), kommen kann. Deshalb sollten derartige Trainingshilfsmittel niemals pauschal, sondern, wenn überhaupt, nur in Zusammenarbeit mit kundigen Hundetrainern und Verhaltensexperten als antrainiertes Abbruch- bzw. Frustrationssignal Verwendung finden.

199. Strafen verhindert Lernen: Lernen Hunde aus Fehlern, wenn sie für diese bestraft werden?

?

Lernen ist bei direkter Strafanwendung bzw. Strafandrohung entweder gar nicht oder zumindest nicht in der Art möglich, wie es sich der Mensch erhofft. So können Hunde keinen Zusammenhang herstellen zwischen der erlittenen Strafe und dem vorangegangenen, vom Menschen als unerwünscht eingestuften Verhalten (→ Frage 194). Schnauzengriff, Nackenfell-Schütteln oder andere Maßregelungen werden lediglich vom Menschen, nicht aber vom Hund als Korrekturen verstanden (→ Info, Seite 161). Es sind Di-Stressoren, deren Bedeutung und Zusammenhang zur vorangegangenen Handlung dem Hund ewig verschlossen bleiben. Vielmehr entwickeln die Hunde je nach Art der Strafe Angst oder Aggressionen. Erfolgreich lernen lässt sich aber nur in einem entspannten sozialen Umfeld. Angst und negativer Stress können dagegen zu momentanen sowie zu lang anhaltenden Gedächtnis- und Lernschwierigkeiten führen. Hunde erinnern sich hingegen lange Zeit an traumatische Erlebnisse, wodurch diese das weitere Lernvermögen im Alltag blockieren. Ein ängstlicher und aufgeregter Hund kann sich nicht auf das zu Lernende konzentrieren, da er mit der Sicherung der eigenen Fitness, im Extremfall mit dem eigenen Überleben beschäftigt ist.

200. Unerwünschtes Verhalten korrigieren: Wie kann ich ein unerwünschtes Verhalten meines Hunds richtig korrigieren?

Wenn der Hund ein bestimmtes unerwünschtes Verhalten nicht mehr zeigen soll, müssen Sie dafür sorgen, dass er mit seinem Verhalten keinen Erfolg hat, indem Sie ihn zum Beispiel nicht mit Wurst allein lassen, wenn er diese gern stiehlt. Eine zweite Möglichkeit ist, ihm angenehme Dinge (Streicheln, Futter, Lob, Spiele usw.) vorzuenthalten, und zwar so lange, bis er ein für uns akzeptables Alternativverhalten zeigt. Keinen Erfolg für das unerwünschte Verhalten unseres Hunds zuzulassen heißt, dass er keinerlei Reaktionen von uns bekommt, also ignoriert wird (→ Frage 163).

ALTERNATIVEN ZUR STRAFANWENDUNG

- Lassen Sie den Hund am Erfolg und Misserfolg lernen: Ein Verhalten, mit dem er Erfolg hat, wird er wiederholen, bei Misserfolg wird er es unterlassen.
- Verwalten Sie alle Ressourcen, wie Futter, Streicheleinheiten, Zuwendungen und andere Dinge. Der Hund erhält diese nur gegen Arbeit nach dem Leistungsprinzip »Nichts im Leben ist umsonst«.
- Bei einem unerwünschten Verhalten reagieren Sie mit Entzug von Zuwendung durch Ignorieren bzw. mit kurzzeitiger Sozialisolation des Hunds. Geben Sie ihm dann die Möglichkeit, sich ins Rudelleben zu integrieren, indem Sie ein erwünschtes Alternativverhalten von ihm belohnen.
- Machen Sie Entspannungsübungen mit Ihrem Hund, um seinen allgemeinen Stresslevel zu senken. Konditionieren Sie dabei ein Entspannungswort auf (etwa »Müüüde«), dann können Sie ihn in potenziellen Krisensituationen auf Kommando entspannen lassen, bevor die Sache eskaliert.
- Trainieren Sie Alternativverhalten bzw. Abbruch- oder Korrektursignale (»Nein«, »Pfui« oder »Aus«). Bedenken Sie aber, dass sich Hunde erst nach unzähligen erfolgreichen Wiederholungen in ihrem Verhalten korrigieren lassen.

Fress- und Jagdverhalten

Hunger motiviert Hunde, Nahrung zu suchen. Doch während sich Wölfe ihre Nahrung erjagen, kontaktieren Hunde den Menschen und betteln um Futter. Gejagt wird dennoch, jedoch häufig nur aus »Luxus« und zum Zeitvertreib.

201. Fressen – Gras fressen: Warum frisst mein Hund ab und an so lange Gras, bis er erbricht?

Leiden Hunde unter Übelkeit oder Magenschmerzen, fressen sie scheinbar instinktiv größere Mengen an Gras, um durch Erbrechen verdorbenes Futter oder spitze Gegenstände aus dem Magen zu entfernen. Fühlen sie sich im Anschluss daran wohl, ist dieses Verhalten als völlig normal anzusehen.
Zum Problem kann Grasfressen werden, wenn der Hund über längere Zeit größere Mengen frisst und daraufhin mehrfach täglich erbricht. Er hat dann in der Regel Magen-Darm-Beschwerden, wobei das häufige Erbrechen wiederum zu Entzündungen des Magens führt. Oder aber der Hund würgt dauernd und kann trotz der großen Menge an aufgenommenem Gras nicht erbrechen. In diesen Fällen sollten Sie mit Ihrem Hund unverzüglich einen Tierarzt aufsuchen.
Hunde kauen jedoch auch häufig gern auf saftigen Grashalmen herum, ohne zu erbrechen. Möglicherweise versorgen sie sich so mit nötigen Ballaststoffen.

202. Fressen – Knochen vergraben: Sobald unser Hund einen Knochen bekommt, schleppt er ihn in den Garten und vergräbt ihn. Weshalb frisst er ihn nicht sofort?

Die Eigenheit, nicht sofort verzehrte Nahrung zu vergraben, ist ein Erbe der Wölfe. Mit diesem Verhalten schützen sie ihre Beuteüberreste vor Nahrungskonkurrenten. Obwohl unsere Haushunde diese Depots nicht nötig haben, sollten Sie Ihren Vierbeiner gewähren lassen. Denn Futter zu verstecken oder auszugraben, ist für Hunde eine wichtige und artgerechte Möglichkeit der geistigen und körperlichen Arbeit.
Nahrungsdepots legen Hunde jedoch auch an, wenn sie zu viel Futter bekommen bzw. ihnen langweilig ist. Haben Hunde keine Möglichkeit zum Vergraben ihrer »Futterbeute«, kann es sein, dass sie dies auf dem Fuß-

ABNORMES FRESSVERHALTEN

Wenn ein Hund zu viel frisst, bekommt er Übergewicht, Fettsucht (Adipositas) mit allen Folgeerkrankungen, besonders wenn Bewegungsmangel oder eine ererbte Neigung zur vermehrten Körperfülle vorliegen. Pica kann ein Hinweis auf eine Verhaltensanomalie bzw. eine zentralnervöse Störung sein.

Fress-Sucht oder Polyphagie: Die Hunde fressen bei frei verfügbarem Futter weitaus mehr, als angemessen ist.

- Ursachen: Organische Erkrankungen, wie Wurmbefall oder Zuckerkrankheit, oder Kastration (kastrierte Tiere neigen selbst bei normaler oder wenig erhöhter Futteraufnahme durch eine hormonell bedingt reduzierte Stoffwechselaktivität häufiger zu Fettleibigkeit als unkastrierte Artgenossen); Verhalten des Besitzers, der meist permanente Futtergaben als Liebesbeweis sieht und sich über die ihm entgegengebrachte »Zuneigung« seines Hunds freut (trainierte Fress-Sucht).
- Abhilfe: Ausschluss von organischen Erkrankungen; bedarfsgerechte Fütterung mit geeigneter Zusammensetzung und Menge des Futters, Anbieten mehrerer kleiner Mengen über den Tag verteilt, Verzicht auf permanent angebotenes Futter, alternativ geistige und körperliche Beschäftigung.

Pica: Die Hunde fressen ungeeignete bzw. unverdauliche Dinge wie Erde, Steine, Papier, Gummiteile oder Ähnliches.

- Ursachen: Langeweile, ungeeignete Haltungsbedingungen durch Reizarmut und negativer Di-Stress; erlerntes Verhalten, da der Hund damit schnell und sicher die Aufmerksamkeit des Besitzers erlangt; eher selten, um bestehende Mängel im Futter auszugleichen.
- Abhilfe: In wirklich schweren Fällen Verhaltenstherapie in Kombination mit der Gabe von Psychopharmaka; Hunden, die alles hinunterschlucken, sicherheitshalber vorübergehend einen Maulkorb anlegen; die jeweils beliebten Gegenstände mit abstoßenden und scharfen Substanzen präparieren, um den Hund davon abzubringen (→ Frage 262); Beibringen des Kommandos »Aus« (→ Seite 31).

Koprophagie (Fressen von Kot): Dies ist eine Sonderform der Pica (→ Frage 255). Es kann die Form eines Verhaltens ohne Sinn annehmen (Stereotypien, → Tabelle, Seite 232/233).

boden oder Teppich versuchen. Oder sie schleppen das Futter in der Wohnung herum. Problematisch kann dies für den Hund werden, wenn er diese Grabungsversuche als Leerlaufhandlungen vollführt. Verhindern können Sie die Langeweile und Unterbeschäftigung im Zusammenhang mit der Nahrungsaufnahme, wenn sich der Hund sein Futter erarbeiten muss.

203. Jagd nach Mäusen: Hat mein Hund Hunger, wenn er öfter nach Mäusen gräbt und diese anschließend frisst? ?

Nein, denn wenn ein Hund Hunger hat, kontaktiert er häufig seinen Menschen und bettelt um Futter. Oder er ist unabhängiger und stöbert in Mülleimern. Dennoch haben Hunde ein angeborenes Bedürfnis, nach Nahrung zu suchen bzw. sie zu jagen (Appetenzverhalten, → Seite 246), das es zu befriedigen gilt. Deshalb kann die Jagd auf die Kleinnager ein Hinweis darauf sein, dass die tägliche Futteraufnahme zu langweilig ist. Lassen Sie Ihren Hund dann sich das Futter erarbeiten oder machen Sie Futtersuchspiele.

204. Jagen – Alter: Ab welchem Alter beginnen Hunde mit dem Jagen? ?

Einzelne Elemente des Jagens, wie Beißschütteln von Objekten, Wittern oder der »Mäuselsprung«, werden von einigen Welpen (Husky, Labrador Retriever) zum Teil spielerisch bereits ab der fünften Lebenswoche gezeigt. Das Jagen als komplexe Verhaltenskette (→ Info, Seite 177) entwickelt sich hingegen erst ab etwa dem sechsten Lebensmonat. Der Zeitpunkt hängt von der Rasse und Zuchtlinie, den eigenen Lernerfahrungen besonders in der Zeit bis zum Eintritt der Geschlechtsreife (sechs bis zwölf Monate) bzw. von der Zuchtreife (12 bis 24 Monate) ab. Auch gewolltes bzw. ungewolltes Training (Besitzer/Artgenossen) hat einen Einfluss.

Entscheidend ist auch, ob die Tiere bereits erfolgreich stöbern, hetzen und töten konnten. Allerdings kann man nicht verallgemeinernd sagen, dass Tiere, die bis zum Alter vom neunten bis zwölften Lebensmonat noch nicht erfolgreich gejagt hatten, dies auch in Zukunft nicht tun werden (→ Frage 208).

205. Jagen – Beuteaggression: Sind Hunde, die jagen, generell aggressiv?

Nein! Betrachtet man einen jagenden Hund, so fällt auf, dass er dabei weder droht oder die Beute warnt noch negative Emotionen wie Wut zeigt. Das wäre ja auch nicht im Sinne des Jagderfolgs, der nur durch schnelle und lautlose Distanzverringerung möglich ist. Kennzeichen für Aggressionsverhalten sind dagegen hohe negative Emotionslage, Warnung und Distanzierung des Gegners. Während des Jagens werden im Gehirn Areale aktiviert, die dem Aggressionsverhalten gegenläufig sind, sodass Jagen und Aggression nie gleichzeitig stattfinden können. Der für das Jagen immer noch fälschlicherweise verwendete Begriff »Beuteaggression« ist damit überholt.

206. Jagen erkennen: Woran erkenne ich, dass mein Hund jagt?

Hunde stammen vom Jäger »Wolf« ab. Durch mehr oder weniger gezielte Zuchtauslese sind Rassen bzw. Linien entstanden, die häufig nur noch einzelne Elemente des Jagens zeigen, diese jedoch oft zur Perfektion gebracht haben (»Jagdspezialisten«). Aber auch »reine« Familienhunde jagen sehr häufig.

➤ Zu den ersten Symptomen des Jagdverhaltens gehören Beißen, Schütteln oder Zerlegen eines Grasballens, längeres Streunen, intensives Schnüffeln am Boden, Verfolgen von Spielbällen, aufgeregtes Anstupsen des Besitzers mit der Nase oder spielerisches Verfolgen von Joggern oder Radfahrern. Diese Symptome werden von den Hundebesitzern meist zu spät als Jagdverhalten erkannt bzw. verharmlost.

➤ Nachfolgende Symptome für Jagdverhalten sind Schnüffeln am Boden kombiniert mit Geruchskontrolle in der Luft, Fixierung der Umgebung, Wittern mit hoch erhobenem Haupt und angehobener Vorderpfote, hohe Erregungslage (besonders in Wildgebieten), Anstarren von potenziellen Opfern, plötzliches Vorspringen und Reißen in die Leine, hohe erregte Laute (evtl. bis zum Schreien) sowie eine frustrationsbedingte Aggression gegen den Besitzer, wenn dieser seinen Hund an der Jagd hindert (auch zeitversetzt!).

207. Jagen – Jagd auf Katzen: Weshalb sind Katzen so häufig Jagdopfer von Hunden? ?

Selbst wenn Hunde und Katzen gemeinsam aufwachsen, bleiben Katzen eine potenzielle Beute für Hunde. Durch ihr Flüchten lösen Katzen in Hunden Jagdverhalten aus. Da Hunde meist stärker sind, töten sie im schlimmsten Fall eine Katze. Sie bleiben jedoch häufig auch verdutzt stehen, wenn die vierbeinige Samtpfote plötzlich ihre Krallen ausfährt und zur Gegenaggression übergeht. Auch sind Missverständnisse in der Kommunikation vorprogrammiert (→ Frage 65).

208. Jagen – Jagdmotivation testen: Kann man beim Kauf testen, wie stark der Hund jagdlich motiviert ist? ?

Das ist nur bedingt möglich. Hunde sind Jagdraubtiere, das Jagen gehört also zum Normalverhalten. Doch selbst wenn Sie einen Vertreter einer der sogenannten klassischen Jagdhunderassen (→ Info rechts) kaufen, ist nicht gesagt, dass er wirklich jagdmotiviert ist. Denn wenn er einer Zuchtlinie entstammt, in der über Generationen hinweg nicht jagdlich motivierte Elterntiere gezielt verpaart wurden, hat dies einen starken Einfluss auf die Veranlagung zum Nicht-Jagen. Des Weiteren lässt sich vorab beim Kauf ein Anti-Jagd-Test (in der Regel ab dem sechsten Lebensmonat) versuchen, um die schlimmsten Jäger der Zukunft bereits zu erkennen. Zeigen Hunde schon vor der 16. Lebenswoche an der Schleppleine in wildreicher Gegend und beim Präsentieren verschiedenster natürlicher und sich bewegender Beutetiere eindeutige Jagdmotivation, ist dies zumindest ein Hinweis, dass man als Halter gegen diese genetische Vorlast von Beginn an anarbeiten muss. Oder Sie entscheiden sich

JAGDHUNDE

- Apportierhunde tragen sehr gern etwas im Fang und bringen es. Dazu gehören alle Retrieverrassen.
- Laufhunde hetzen die Beute lautstark und unabhängig und suchen selbstständig. Beispiele sind Beagle, Basset oder die verschiedenen Bracken.
- Windhunde sind autarke »Sichtjäger«, sie hetzen, töten und bringen sehr schnell die Beute zum Besitzer. Beispiele sind Afghane, Barsoi oder Saluki.
- Stöberhunde arbeiten selbstständig und eigensinnig und stöbern Wild in Erdbauen auf. Echte »Stöberer«, die permanente Nasenarbeit an der Fährte leisten, sind Cocker und Springer Spaniel. Aber auch Teckel, West Highland White Terrier, Jack Russell Terrier oder Foxterrier stöbern.
- Vorstehhunde haben ihren Namen von ihrer typischen Haltung, auf drei Beinen zu stehen. Sie arbeiten zunächst durch Stehenbleiben und in die Richtung des Wilds mit der Nase weisend am Wild, um anschließend das angeschossene Wild aufzustöbern, evtl. noch zu hetzen und unversehrt dem Jäger zu bringen. Beispiele sind Magyar Vizsla, Deutsch Drahthaar, Setter, Münsterländer oder Weimaraner.

für ein weniger jagdorientiertes Tier. Derartige Tests sind jedoch keine Garantie dafür, dass der Hund trotz seines scheinbaren jagdlichen Desinteresses später nicht doch jagt (→ Frage 212).

209. Jagen – Jagen in der Meute: Stimmt das Sprichwort: »Viele Hunde sind des Hasen Tod.«?

Ja, denn besonders effektiv und erfolgreich jagt es sich in der Meute, das sind entweder mehrere befreundete Tiere oder Hunde eines Rudels. Sie wenden dabei verschiedene Taktiken an: Sie attackieren das Opfer zumeist von mehreren Seiten bzw. umkreisen es. Auch das Jagen »in Staffel« ist beliebt, wobei ein Hund als »Treiber« mit der Verfolgung eines Beutetiers beginnt und nach kurzer Zeit von einem im Hinterhalt wartenden Artgenossen abgelöst wird.
Die Jagd besteht aus zwei Phasen. In der ersten wird das potenzielle Opfer auf seinen körperlichen Zustand hin getestet. Ähnlich der Jagd bei Wölfen wird so ein krankes oder schwaches Beutetier ausfindig gemacht. In der zweiten Phase der Jagd wird mit unverminderter Kraft und Geschwindigkeit das Tier verfolgt, von der Seite durch Anspringen zu Fall gebracht und je nach Jagdgeschick entweder dilettantisch in jede fassbare Stelle gebissen und verletzt oder nach Art der Wölfe durch einen gezielten Kehlbiss getötet.
Da Jagdverhalten häufig zum Mitmachen (Streunen) animiert, ist es nie zu empfehlen, zwei jagdmotivierte

In der Meute jagt es sich effektiver! Beagle, eine der ältesten Laufhunderassen, wurden zur Jagd auf Hasen eingesetzt.

befreundete oder aus demselben Rudel stammende Hunde in Wildgebieten gleichzeitig frei laufen zu lassen. Auch können jagderfahrene Hunde als Vorbild wirken und diesbezüglich unbedarfte Tiere anstecken.

210. Jagen – Mäuselsprung: Wenn wir draußen sind, springt mein Hund besonders auf Wiesen und Feldern in die Höhe und stößt seine Schnauze tief ins Erdreich. Warum tut er das? ?

Ihr Hund jagt, wenn er dieses Verhalten zeigt! Mit schnellen Stößen schräg in den Boden suchen Hunde unter anderem nach Mäusen. Man spricht von »Suchmäuseln«. Auch vollbringen sie manchmal zirkusreife Akrobatik, indem sie den »Mäuselsprung« vollführen (→ Seite 174). Ähnlich ist das »Mäusestoßen«, wobei sich hier die Hunde auf den Hinterbeinen aufrichten und mit nach vorn gekrümmtem Rücken und den Vorderpfoten nach der Beute stoßen.

211. Jagen – Rasseunterschiede: Unser Nachbarhund jagt gern, unser eigener Hund nicht. Woher kommen diese Unterschiede? ?

Das Jagdverhalten ist ein angeborenes und durch Motivationen und Lernerfahrungen mehr oder weniger perfekt modifiziertes Verhalten. Viele Hunde jagen, obgleich die eigentliche Motivation des Nahrungserwerbs – der Hunger – durch regelmäßige Fütterungen hinfällig sein dürfte. In den Hunden steckt sozusagen eine genetisch bedingte »Jagdlust« (→ Frage 212).
Die Wissenschaftler streiten sich nun darüber, ob man Hunden von Beginn an die Möglichkeit zum Jagen verweigern oder Jagen in gelenkten Bahnen erlauben sollte, um dieses Verhalten als Besitzer kontrollieren zu können. Überdies scheinen Hunde, die ihr natürliches Beuteschema kennenlernen durften, weniger häufig Sozialpartner zu jagen.

ELEMENTE DES JAGENS –

Viele Hunde sind mittlerweile zu »Jagdspezialisten« geworden, die weniger häufig die gesamte Jagdhandlungskette (→ Info, Seite 177) zeigen, sondern vielmehr nur einzelne

MÄUSELSPRUNG
Dabei springt der Hund mit aufgekrümmtem Rücken zeitgleich mit kurzen Vorderbeinstößen in die Höhe, wobei er mit allen vier Gliedmaßen in der Luft auf dem Objekt oder der Maus landet, um diese zu packen.

HÜTEN
Border Collies & Co. tendieren angeborenerweise stark zum Fixieren und Zusammentreiben von Herdentieren (Schafen). Sind sie ohne »Hütejob«, suchen sie sich oft andere belebte oder unbelebte Dinge (Bälle, Menschen).

BUDDELN
Beim Buddeln und Graben scharren die Hunde auf der Suche nach kleinen Beutetieren eifrig wühlend die Erde beiseite, auch in Verbindung mit dem Mäuselsprung. Aufgeregt stoßen sie dabei immer wieder ihre Nase in die Erde.

EINIGE BEISPIELE

Elemente der Jagd lustvoll praktizieren. Dabei machen viele Hunde auch weder vor Wasser noch vor mehr oder weniger hohen Hürden halt.

SCHWIMMEN
Die Hunde bewegen ihre Gliedmaßen mit arttypischen Paddelbewegungen. Oftmals sind sie in ihren Schwimmbewegungen schneller als der Mensch, besonders wenn sie den Anreiz haben, eine Beute zu apportieren.

SPRINGEN
Sie drücken sich beim Absprung mit den Hinterbeinen kraftvoll vom Boden ab, strecken den Körper in der Luft nach vorn und nutzen die Rute als Steuerelement. Bei der Landung sind die Vorderbeine weit nach vorn gestreckt.

STÖBERN
Hierbei wird voller Lust und Ausdauer im Dickicht nach Wild und dessen Fährte gesucht oder das Wild direkt aus Erdbauten getrieben, um es im Anschluss zu hetzen. Voraussetzung für den Erfolg ist eine gute »Nasenarbeit«!

Der Kleine Münsterländer steht vor – er zeigt mit hoher Nase und einseitig angehobener Vorderpfote Wild an.

212. Jagen – Ursachen: Warum jagt mein Hund immer wieder hinter Vögeln oder Eichhörnchen her, obwohl er sie nie erwischt?

Jagen stellt eine Art »Luxusverhalten« dar. Unsere Vierbeiner, gewöhnt an volle Futterschüsseln, müssen sich ihre Nahrung nicht in Wald und Flur erbeuten. Sie können sich gar eine Ineffizienz beim Jagen in der Form erlauben, die bei ihren Vorfahren auf Dauer zum Tod durch Verhungern führen würde. Immer wieder jagen unsere Hunde Vögel oder Eichhörnchen im Wissen, dass diese Tiere stets schneller als sie selbst sein werden. Pure Kraftverschwendung oder empfundenes Lustgefühl? Letzteres scheint eher zuzutreffen. Bereits das Ausleben einzelner Jagdelemente (→ Info rechts) kann sie in einen rauschartigen Zustand versetzen, indem »Glückshormone« (Endorphine, Serotonin) in den Blutkreislauf ausgeschüttet werden. Jagen ist demnach selbstbelohnend und macht süchtig!

213. Jagen vorbeugen: Kann man dem Jagdverhalten vorbeugen?

An erster Stelle steht der überlegte Kauf eines Welpen aus einer nicht auf Jagdverhalten gezüchteten Linie (→ Frage 208). Wichtig ist auch, den Welpen frühzeitig und hinreichend mit Tieren aus dem natürlichen Beutespektrum zu sozialisieren. Zudem sollten Sie vermeiden, dass er weder positive Jagderlebnisse (mit Töten der Beute) besonders innerhalb der ersten sechs

bis neun Lebensmonate hat, noch dass Sie sein Jagdverhalten durch amüsiertes Zuschauen und inkorrektes Strafen unbewusst bestätigen bzw. über Ablenkung und beruhigendes Zureden ungewollt belohnen.
Des Weiteren lässt sich Jagdverhalten von Beginn an häufig, jedoch nicht immer, in gewissen Grenzen halten, indem Sie

- ein erwünschtes Alternativverhalten (sofortige Hinwendung zum Besitzer beim Anblick von Beute) trainieren.
- ungewolltes Jagdtraining durch sogenannte »Stöckchenspiele« ohne eingebaute Stopps vermeiden.
- ritualisierte Jagdspiele (Kanalisierung des Jagens in »erlaubter« Form) einführen durch die Schulung auf ein bestimmtes Spielobjekt (Dummy, Kong) mit korrektem Aufbau (→ Frage 244).

214. Jagen – Vorstehen: Ich habe einen Hund beobachtet, der mit erhobenem Kopf und angehobenem Vorderbein auf einer Wiese stand. Was bedeutet dieses Verhalten? ?

Dieses Verhalten nennt man »Vorstehen«. Das Anheben des Vorderbeins ähnelt dem »Pföteln«, ist jedoch im Zusammenhang mit einem hoch und nach vorn

INFO

Jagdhandlungskette
Bei der Jagd auf große Beutetiere zeigen Hunde Elemente, die immer wieder in gleicher oder ähnlicher Weise hintereinander folgen. Dies wird als Jagdhandlungskette bezeichnet. Eine vollständige Abfolge besteht aus den Elementen Witterung aufnehmen – suchen – nachfolgen – stöbern – erstarren – fixieren – lauern – anschleichen – warten/lauern – nachfolgen – vorspringen – hetzen – angreifen – kämpfen – niederreißen – ringen – Tötungsbiss setzen und/oder totschütteln – fressen.

gereckten Kopf eine lautlose Kommunikation zwischen Jäger und Hund. Der Hund zeigt dadurch in Richtung des Wilds. Auch Wölfe verharren und erstarren kurze Zeit, bevor sie zum Angriff auf die Beute übergehen. Das lautlose Anwinkeln eines Vorderlaufs lernen Hunde während der Ausbildung zur Jagd. Zu sogenannten Vorstehhunden gehören Setter, Deutsch Drahthaar, Weimaraner oder Münsterländer (→ Info, Seite 171). Vertreter dieser Rassen lassen sich im Freilauf häufig (nicht immer!) einfacher abrufen als Hunde, die selbstständig agierend jagen.

215. Rohes Fleisch – Aggressivität: Stimmt es, dass ein Hund aggressiv wird, wenn er mit rohem Fleisch gefüttert wird? ?

Nein, Zusammensetzung und Geschmack des Futters haben keinen Einfluss auf aggressives Verhalten. Auch wird fälschlicherweise immer noch angenommen, dass Hunde, wenn sie »einmal Blut geleckt haben«, dies immer wieder wollen. Der Zusammenhang zur Aggressivität wird dann über einen angeblich höheren Eiweißgehalt im blutig-rohen Fleisch hergestellt.
Ebenso widersinnig sind Behauptungen, man solle unausgeglichenen und recht leicht zu Frustration und Aggression neigenden Hunden lieber sehr eiweißreiches und blutig-rohes Fleisch anbieten, um sie damit zu besänftigen.

216. Trinken: Weshalb setzt mein Hund beim Trinken alles um den Napf herum unter Wasser? ?

Hunde trinken Untersuchungen zufolge durchschnittlich 60 Milliliter Wasser pro Kilogramm Körpermasse. Diese Angabe schwankt jedoch stark. Sie hängt nicht nur von Umgebungsklima, Aktivität, Alter und Allgemeinzustand des Hunds ab, sondern auch von der Art der Fütterung. Dadurch kann die aufgenommene

Wassermenge um bis zu 30 Prozent und mehr variieren. Beim Trinken wird die Zunge »löffelartig« aufgerollt und periodisch in schneller Folge zwischen dem Wasser und dem Maul hin- und herbewegt. Bei diesem Ein- und Ausfahren der Zunge läuft immer ein Großteil des Wassers daneben. Oftmals wird dabei auch die Umgebung der Wasserschale »geflutet«. Bei meinen Hunden kann ich beobachten, dass sie wohlschmeckende Flüssigkeiten, etwa Fleischbrühe, weniger an den Fußboden verschwenden als pures Wasser.

217. Trinken unterwegs: Weshalb trinkt mein Hund unterwegs mehr als zu Hause?

Bei vielen Hunden fällt auf, dass sie bevorzugt aus Teichen oder Regenpfützen trinken. Als Ursache wird angenommen, dass das Wasser der Pfützen einen geringeren Kalkgehalt als Leitungswasser hat. Vielleicht ist aber das Regenwasser nicht nur »weicher«, sondern schmeckt unseren Hunden auch besser.

Nicht nur im Sommer werden gern natürliche Wasserquellen genutzt.

Problem-verhalten

Die meisten Verhaltensprobleme, die als störend empfunden werden, sind keine krankhaften Verhaltensstörungen und lassen sich häufig kurzfristig abstellen. Die Therapie echter psychischer Störungen ist aufwendiger.

218. Aggressivität an der Leine – Richtig reagieren: Wie reagiere ich richtig, wenn mein Hund an der Leine gegenüber anderen Hunden aggressiv ist?

Die unmittelbare Begegnung zweier angeleinter Hunde ist generell zu vermeiden, da beide nicht ungestört kommunizieren können. Nicht selten zeigen sie dann territoriale Aggression oder Angstaggression (auch Angst vor dem Verlust der Ressource »Besitzer«). Am günstigsten ist es, wenn Sie mit Ihrem Hund an kurzer Leine kommentarlos am anderen Vierbeiner vorbeigehen und sein aggressives Verhalten ignorieren. Legen Sie sich in solchen Situationen eine gewisse Grundgelassenheit zu. Jegliche Anspannung überträgt sich automatisch auf den Hund, und Sie können ihn in seinem unerwünschten Verhalten nicht korrekt ignorieren (→ Frage 163). Ein Wechsel der Straßenseite ist nur sinnvoll, wenn Sie den anderen Hund sehen, bevor Ihr eigener ihn entdeckt. Dann können Sie Ihren Hund in gehörigem Abstand vom Artgenossen durch permanente Kommandogabe erfolgreich korrigieren. Streitet sich Ihr Hund gern mit Artgenossen und beißt diese, sollten Sie ihn während der Gassigänge generell an der Leine führen und ihm einen Maulkorb aufsetzen. Auch wäre eine Tierverhaltenstherapie hilfreich.

219. Ängstlicher Hund – Richtig reagieren: Wie verhalte ich mich einem ängstlichen Hund gegenüber richtig?

Die Angst bei Hunden zeigt sich häufig über ein sogenanntes Angstgesicht (→ Foto, Seite 67) und eine spezielle Körpersprache (→ Frage 131). Erkennen Sie, dass der Hund vor Ihnen Angst hat, sollten Sie auf keinen Fall Kontakt aufnehmen, weil sonst der Hund aggressiv reagieren und sich beißend und schnappend zur Wehr setzen könnte. Wenden Sie sich ab und ignorieren Sie den Vierbeiner.

220. Angst vor Untergrund – Anzeichen und Ursachen: Mein Hund hat Angst vor glatten Untergründen. Wie kommt es dazu?

?

Hunde sind Lauftiere, die vom Welpenalter an Kontakt mit den verschiedensten Bodenbelägen haben. Ängste davor erscheinen zunächst sehr ungewöhnlich. Die Angstreaktionen reichen von panikartiger Flucht über verzögertes und vorsichtiges Auftreten bis hin zu völligem Erstarren und Verweigern des Weitergehens. Auch gibt es Hunde, die sich nur vor einer ganz bestimmten Bodenstruktur, etwa Fliesen, ängstigen, ohne generell Scheu vor allgemein glatten Untergründen (wie Parkett, Laminat etc.) zu haben.
Ursache war dann vielleicht ein Ausrutschen des Hunds auf glatten Fliesen, das ihm schmerzvoll in

URSACHEN DER LEINENAGGRESSION

- Eingeschränkte Bewegungsfreiheit auf Spaziergängen durch permanente Leinenverbindung zum Besitzer: Dadurch ist eine normale Unterhaltung von Hund zu Hund sowie das Erlernen von Selbstständigkeit, Selbstbewusstsein und Angstfreiheit gegenüber Artgenossen unmöglich.
- Die Hunde können weniger gut ausweichen und fühlen sich dadurch schneller durch den Artgenossen bedroht.
- Der Besitzer belohnt unabsichtlich immer wieder das aggressive oder aufgeregte Verhalten des Hunds, indem er diesen beruhigt oder beschimpft oder versucht, das Tier durch Spielaufforderung, Leckerlis, Kraulen oder Streicheln abzulenken. Der Hund versteht jedoch »gut gemeinte« wie auch »tadelnde« Worte oder Beschwichtigungsversuche besonders in Krisensituationen als Bestätigung für sein Verhalten.
- Die Hunde entwickeln mit dem Bellen und Ziehen an der Leine eine regelrechte Strategie, um eine sie ängstigende Situation schneller beenden zu können.
- Sie zerren oft so lange, bis sie sich erfolgreich den Kontakt zum »Feind« oder »Freund« ermöglichen.

Erinnerung ist. Andere »Angsthasen« wiederum zeigen anfangs lediglich vor einer bestimmten Bodenstruktur Berührungsängste (Fliesen), generalisieren diese jedoch im Lauf der Zeit zur Phobie (→ Seite 248) vor sämtlichen glatten Untergründen.

221. Angst vor Untergrund – Richtig reagieren: **Wie muss ich reagieren, wenn mein Hund Angst vor bestimmten Untergründen hat?**

Hat Ihr Hund Angst vor einem bestimmten Untergrund und steht zitternd davor, dann dürfen Sie in diesem Moment weder durch Anbieten von Futter, gutem Zureden noch Streicheln versuchen, dem Hund aus dieser misslichen Lage herauszuhelfen. Damit bestätigen Sie ihm nur, dass seine Angst völlig richtig ist. Es könnte sogar sein, dass der Hund seine Angst mit Ihnen fehlverknüpft.
Vielmehr sollten Sie den Hund so lange ignorieren, bis er einen Moment lang keine Angst vor dem Unter-

URSACHEN FÜR ÄNGSTE VOR UNGEWOHNTEN UNTERGRÜNDEN

- Mangelnde Souveränität und Selbstsicherheit gegenüber Umwelteinflüssen aufgrund unzureichender Sozialisation und Gewöhnung an die Umwelt in früher Welpenphase
- Negative Erfahrungen wie schreck- und schmerzauslösende Begebenheiten in der Vergangenheit, besonders in den sensiblen Entwicklungsphasen des Hunds, mit dem entsprechenden Bodenbereich und den damit verbundenen Räumlichkeiten
- Ablenkung bzw. Beruhigung des Tiers durch unbeabsichtigtes Belohnen der Besitzer

grund zeigt. Genau zu diesem Zeitpunkt fordern Sie ein Kommando und belohnen ihn.

222. Angst vor Wasser: Kann es sein, dass mein Hund Angst vor Wasser hat? Was kann ich dagegen tun?

Obwohl nahezu alle Hunde schwimmen können, gibt es auch wasserscheue Vierbeiner. Entweder konnten sie als Welpe Wasser nicht angstfrei kennenlernen, oder ein dramatisches Erlebnis war die Ursache. Manche Hunde setzen ihre »Wasserscheu« auch bewusst ein, weil sie gelernt haben, dass sich ihr Besitzer dann sofort mit ihnen beschäftigt.
Um eine weitere Etablierung der Wasserscheu zu vermeiden, müssen Sie Ihren Hund im Moment der Angstreaktion ignorieren (→ Frage 163). Allerdings sollten Sie dem Tier nachfolgend die Möglichkeit geben, selbstständig aus der angstmachenden Situation herauszukommen. Dafür sollten Sie ihn sofort loben, wenn sich der Hund angstfrei mit dem Angstauslöser »Wasser« auseinandersetzt. Gehen Sie dabei aber nur in kleinen Schritten (Desensibilisierung) vor und lassen Sie nur so viel Kontakt mit dem Wasser zu, wie der Vierbeiner angst- und stressfrei erträgt. Handelt es sich um die Form des Aufmerksamkeit erheischenden Verhaltens, so sollten Sie Ihren Hund einfach ignorieren und demonstrativ schwimmen gehen. Meist überwiegt dann die Neugier, und der Hund gibt seine Wasserverweigerung schnell auf, besonders wenn Sie seinen Lieblingsball mit ins Wasser nehmen.

223. Anspringen abgewöhnen: Wie kann ich meinem Hund abgewöhnen, dass er Menschen anspringt?

Ein wirksames Mittel gegen dieses lästige Verhalten ist ein aktives Ignorieren. Die angesprungene Person

Kontaktaufnahme, Spielaufforderung, aber auch aggressiver Überfall – Anspringen kann vieles bedeuten.

muss sich im Moment des Hochspringens abwenden oder einen Schritt zur Seite gehen, damit der Sprung ins Leere geht. Dabei darf sie den Hund weder ansprechen noch anschauen oder berühren. Er lernt schnell am Misserfolg seines Springspiels, dass es weder ein positives noch ein negatives Feedback gibt, und wird bald nicht mehr hochspringen. Zeigt der Hund daraufhin ein erwünschtes Verhalten, etwa dass er sich hinsetzt oder hinlegt, müssen Sie ihn sofort belohnen und bestätigen, sonst reagiert der Hund irgendwann hilflos und frustriert, weil er nicht mehr weiß, was erwünscht und unerwünscht ist.

224. Bein umklammern: Mein Rüde umklammert mein Bein. Warum tut er das? ?

Das Umklammern eines Beins sowie ein Aufreiten mit und ohne Friktionsbewegungen kann mehrere Bedeutungen haben. Häufig wird das Verhalten mit einem Rangordnungskonflikt (»dominante Geste«) oder mit Hypersexualität erklärt. Meist liegt die Ursache aber in einer Lernerfahrung des Rüden. Durch sein Aufmerksamkeit erheischendes Verhalten bekommt er die Zuwendung des Besitzers. Dabei ist es egal, ob dieser mit Lob und Beschwichtigung oder mit Strafen reagiert. Rüden können aber auch in Stresssituationen »klammern«, wobei dies dann ein Übersprungverhalten darstellt, das entkrampfend und deeskalierend wirkt. Eher selten hat dieses Verhalten einen sexuellen Hintergrund.

225. **Bein umklammern – Richtig reagieren: Wie reagiere ich richtig, wenn mein Rüde mein Bein umklammert?**

Dieses Verhalten lässt sich umgehend abstellen, indem Sie den Hund am permanenten Misserfolg lernen lassen. Unmittelbar bevor der Rüde beginnt, mit beiden Vorderläufen Ihr Bein zu berühren, sollten Sie sofort kommentarlos aufstehen und den Raum verlassen, ohne den Hund zu beachten. Zeigt dieser kurze Zeit darauf ein erwünschtes Alternativverhalten, müssen Sie dies belohnen, damit er nicht frustriert wird. Des Weiteren sollten Sie die »Rangordnung« im Rudel Familie kontrollieren und das allgemeine soziale Umfeld des Hunds auf Negativ-Stressoren überprüfen.

226. **Bellen an Tor/Tür – Abgewöhnen: Mein Hund bellt häufig, wenn es an der Tür klingelt. Wie kann ich ihm dies abgewöhnen?**

Das Ankündigen von fremden Sozialpartnern am Zaun oder an der Tür ist Hunden angeboren. Allerdings kann der Besitzer dieses Normalverhalten durch seine Reaktion noch verstärken. Etwa wenn er beim ersten Klingelton sofort hochspringt und dem Besuch

INFO

»Rüpelphase« bei Rüden
Vom 6. bis 14. Lebensmonat (Pubertät) wird Rüden oft ein verändertes Verhalten aufgrund des sich extrem erhöhenden Testosterongehalts im Blut unterstellt. So sollen nachlassende Spielneigung, vermehrte Aggressivität gegenüber männlichen Artgenossen, häufigere Ängste vor der Umwelt sowie ein allgemein vermehrtes »Dominanzverhalten mit gesteigerter Aggressivität« gegenüber den Besitzern darauf zurückzuführen sein. Diese Annahme ist jedoch so nicht korrekt!

Auch kastrierte, unterwürfige oder ängstliche Tiere klammern, um spielerisch Stress abzubauen.

laut rufend seine Ankunft an der Tür kundtut. Dadurch lernt der Hund, dass Klingeln eine wichtige Rolle spielt, und er wird bellen. Versucht der Besitzer dann, den Hund zu beschwichtigen oder das Bellen zu unterbrechen, hat er das Verhalten des Hunds unbewusst belohnt und verstärkt.
Um das Alarmbellen abzustellen, müssen Sie den Hund ab sofort konsequent ignorieren, wenn er bellt. Stattdessen belohnen Sie ihn für ein erwünschtes Alternativverhalten.

227. Bellen beim Autofahren – Abgewöhnen: Wie kann ich meinem Hund abgewöhnen, im Auto ständig zu jaulen?

?

Einige Hunde jaulen und bellen aus Nervosität, Aufgeregtheit oder Vorfreude, weil sie die Autofahrt mit dem bevorstehenden Waldspaziergang in Verbindung gebracht haben. Um dieses Verhalten abzustellen, sollten Sie in Zukunft den Hund überall mit hinnehmen, wenn Sie mit dem Auto unterwegs sind, um dann ohne Gassigang wieder nach Hause zu fahren. Dadurch kann sich der Hund nicht mehr darauf verlassen, dass mit dem Einsteigen ins Auto ein toller Spaziergang folgt. Im Fahrzeug platzieren Sie den Hund so, dass er die Außenwelt nicht sehen und aufgeregt beobachten kann. Sobald er anfängt zu jaulen, unterbrechen Sie die Fahrt und parken am Straßenrand. Setzen Sie die Fahrt erst fort, wenn sich der Hund ruhig auf seinem Platz befindet. Solange er bellt, wird er konsequent ignoriert (→ Frage 163). Allmählich lernt der Hund, dass die Fahrt erst fortgesetzt wird, wenn er still ist. Ein Beifahrer kann währenddessen den Hund mit Leckerlis belohnen, wenn er gerade nicht bellt.

228. Bellen beim Weggehen – Richtig reagieren: **Wie muss ich reagieren, wenn mein Hund bellt, sobald ich das Haus verlasse?**

?

Damit ein Hund dieses unerwünschte Verhalten nicht mehr zeigt, darf es sich für ihn nicht lohnen. Dazu gehen Sie hinaus und warten hinter der Tür so lange, bis der ängstlich bellende Hund für wenige Sekunden ruhig ist. Genau in diesem Moment öffnen Sie die Tür und gehen in die Wohnung, ignorieren aber Ihren Hund. Damit haben Sie vermieden, dass der Hund während des Bellens über die sich öffnende Tür in seiner Trennungsangst bestätigt wurde. Durch das Eintreten während einer Bellpause verhindern Sie, dass sich die Angst des Hunds steigert. Beruhigt er sich infolge des strikten Nichtbeachtens, können Sie ihn dafür loben. Wie Sie mit Trennungsangst umgehen, lesen Sie bei den Fragen 288 und 289.

229. Betteln am Tisch – Richtig reagieren: **Wir geben unserem Hund nichts vom Tisch. Warum bettelt er trotzdem sehr beharrlich?**

?

Hunde betteln für ihr Leben gern um Futter, besonders um Leckereien, die sich üblicherweise auf dem Teller des Besitzers und nicht im Hundenapf befinden. Sobald die Menschen essend am Tisch (Reiz) sitzen oder Essen zubereiten, fängt der Hund an zu betteln. Ignorieren die menschlichen Rudelmitglieder den Hund konsequent, begreift er am Misserfolg seines Handelns, dass er sich ebenso gut auf sein Lager zurückziehen kann. Wird allerdings einer der Besitzer irgendwann »schwach« und erhält der Hund nach Tagen der konsequenten Verweigerung »ausnahmsweise«

eine Wurst vom Tisch, hat der Hund gelernt, dass sich beharrliches Warten lohnt. Er wird nun ausreichend motiviert sein, den Tisch permanent zu bewachen. Weshalb die meisten Hunde am Tisch betteln, obwohl sie wirklich konsequent von ihren Besitzern ignoriert werden, liegt ungewollt an unserem Verhalten. Wir krümeln, kleckern und verlieren Speisereste vom Teller oder Besteck. Dieses »gefundene Fressen« ist natürlich Belohnung genug für den Hund!

230. Demenz – Alter Hund: Seit mein Hund älter wird, bellt er dauernd und ist unsauber. Kann das mit dem Alter zusammenhängen? ?

Wurden organische Ursachen ausgeschlossen, kann dieses Verhalten tatsächlich mit dem Alter zusammenhängen. Denn auch Hunde können unter einer Form der Demenz leiden, der sogenannten Cognitiven Dysfunktion (CD, → Tabelle rechts).
Die Anzeichen der CD werden von den Besitzern oft als normale Alterserscheinungen fehlinterpretiert und deshalb fast immer zu spät diagnostiziert und therapiert. An Demenz erkrankte Hunde können nicht nur keine neuen Kommandos erlernen, sondern scheinen die simpelsten Dinge zu vergessen. Rechtzeitig therapiert, lässt sich der Prozess der Degeneration im Gehirn verlangsamen.

231. Dominanter Hund – Strafen: Mein Rüde ist sehr dominant. Soll ich ihn strafen, um ihm zu zeigen, wer der Herr im Haus ist? ?

Nein, als wirklich souveräner Chef können und sollten Sie auf Strafen verzichten. Sonst verlieren Sie nicht nur an Vertrauen und Ansehen, sondern riskieren eine ängstlich-aggressive Abwehrreaktion Ihres Hunds aus »Notwehr«. Stattdessen sollten Sie vor der Vergabe der Ressourcen eine Leistung vom Hund verlangen, nach

COGNITIVE DYSFUNKTION ERKENNEN

Folgende Verhaltensauffälligkeiten können auf das »CD-Syndrom« hinweisen.

- Desorientierung oder Demenz (verzögertes Erkennen bzw. Nichterkennen von Familienangehörigen, bekannten Personen, Objekten, Orten)
- Verlust der Stubenreinheit (→ Frage 296)
- Veränderung sozialer Interaktionen in Bezug auf Personen (weniger freudige Begrüßung, nachlassende Geschwindigkeit und Zuverlässigkeit der Kommandobefolgung, sinkendes Interesse am Spielen, höhere Reizbarkeit und Aggressivität gegenüber bekannten Personen) und Artgenossen (weniger Spielintention, aggressive Übergriffe auf den Hund, höhere Aggressivität)
- Veränderung des Schlaf-Wach-Zyklus mit längeren Schlafphasen am Tag und kürzeren Schlafperioden in der Nacht, Bellen und Jaulen (ohne Kot- und Harndrang) bzw. rastloses Umherirren während der nächtlichen Wachphasen
- Apathie (auch kürzere Phasen)
- Unruhe, Zittern, Tremor
- Zunehmendes Bellen, Winseln oder Heulen über längere Zeit ohne ersichtliche Ursache, besonders nachts (→ Frage 230)
- Plötzlich auftretende Trennungsangst
- Verringertes Interesse an der Umwelt und/oder am Futter
- Plötzlich auftretende Stereotypien (→ Tabelle, Seite 232/233)
- Sinkende Anpassungsfähigkeit gegenüber sich plötzlich verändernden Situationen
- Herabgesetzte Fähigkeit zur Stresskompensation

dem Motto: »Nichts im Leben ist umsonst!» Akzeptiert Ihr Hund nicht, dass Sie der Chef sind, und streikt, so ist ein Futterentzug für ein bis zwei Mahlzeiten oder ein häufigeres Ignorieren des Vierbeiners bereits sehr heilsam – er wird sich schnell wieder ins Rudelleben integrieren wollen, indem er über das Zeigen von gewünschtem und richtigem Verhalten an seine Ressourcen kommt.

232. Fehlende Fellpflege – Ursachen: Was kann der Grund sein, wenn mein Hund sein Fell nicht mehr beknabbert?

Da Körperpflegemaßnahmen in normaler Intensität und Häufigkeit entspannend wirken, kann und muss man davon ausgehen, dass ein Hund, der dieses Verhalten nicht mehr zeigt, erheblich leidet. Das Fell der Vierbeiner ist dann meist stumpf und glanzlos. Es verkrustet zu Platten, nicht selten treten in der Folge Reizungen und Entzündungen der Haut auf.
Als Ursachen kommen neben vielen klinischen Erkrankungen vor allem massive Angst-, Schmerz- und Schreckerlebnisse im Sozialverband infrage, wobei insbesondere eine zu hohe Anzahl von Hunden im Verhältnis zum Raumangebot sowie extrem eingeschränkte Lebensbedingungen (Zwinger-, Stall-, Anbindehaltung) zu nennen wären.

233. Futterkonkurrenz – Gründe: Mein Rüde knurrt meine Hündin immer vom Futternapf weg. Warum macht er das?

Konkurrenz um eine wichtige Ressource wie Futter kann entstehen, wenn sie nicht ausreichend vorhanden, das Interesse an der Ressource und die individuelle Fitness der Konkurrenten gleich stark ist oder wenn die Hunde nicht gelernt haben, einen Konflikt aggressionsfrei zu lösen. Meist können aber Hunde untereinander Konkurrenzsituationen deeskalierend bewältigen, was uns jedoch nicht immer auffällt. Die Besitzer meinen, dass einer der Hunde offensichtlich aggressives Drohverhalten (Knurren) zeigt, und haben nicht erkannt, dass der knurrende Hund den Kampfplatz räumt, weil der Artgenosse eindeutige optische Drohsignale (Drohfixierung) ohne Knurren zeigte.

234. Futterkonkurrenz – Richtig reagieren: Wie kann ich verhindern, dass mein Rüde meine Hündin vom Futternapf wegknurrt?

?

Besonders wichtig bei Futterkonkurrenz ist, auf jegliche Form der menschlichen Intervention durch Strafe oder Ablenkung einer der Hunde zu verzichten, da

ÜBERSTEIGERTE AGGRESSION

Dies ist ganz klar eine echte Verhaltensstörung und eine Gefahr für die Öffentlichkeit. Die natürliche Tendenz zur Fairness auch gegenüber fremden Sozialpartnern ist nicht gegeben. Ohne eine Kommunikation überhaupt zu erlauben, attackiert der Vierbeiner sein Gegenüber, ohne Rücksicht auf die eigene Gesundheit und Unversehrtheit zu nehmen. Er möchte damit

- die Distanz zur Bedrohung vergrößern oder zumindest aufrechterhalten.
- erreichen, dass der Gegner zurückweicht.
- eine wichtige Ressource (Futter, körperliche Unversehrtheit, Spielzeug, Territorium) im eigenen Besitz behalten.

Ursachen:

- Mangel einer ausreichenden Sozialisation und Gewöhnung an die belebte und unbelebte Umwelt in der Welpenphase
- Positive wie negative Erfahrungen in speziellen Situationen sowie die daraus resultierenden Lernergebnisse. Als Beispiel sei die unbewusste Verstärkung von Angst und Aggression durch den Besitzer genannt (→ Frage 237).
- Stressbewältigung durch offene Aggression (Schnappen, Beißen), weil der Hund mit Meideverhalten keinen Erfolg hatte (→ Frage 129)

dies zur Eskalation führen kann. Weitere Zwischenfälle lassen sich leicht umgehen, indem ab sofort beide Hunde ihren eigenen Fress- und Trinknapf bekommen und anfangs getrennt und ohne Sichtkontakt gefüttert werden. Kommt es zum neuerlichen Drohverhalten eines der Hunde in einer noch ungeklärten Rangfolge, so ist es am besten, das Verhalten der beiden Tiere zu ignorieren, aufzustehen und kommentarlos den Raum zu verlassen.

235. Futter verteidigen – Richtig reagieren:

Mein Hund ist nicht aggressiv. Nur während der Fütterung und beim Benagen eines Knochens knurrt er jeden an, der ihm zu nahe kommt. Wie muss ich reagieren?

Verteidigt der Hund aggressiv sein Futter, dürfen Sie ihm den Napf weder mit Gewalt wegnehmen, noch ihn beruhigend ansprechen oder gar strafen. Vielmehr ignorieren Sie den Vierbeiner und entfernen sich langsam, obgleich der Hund mit seinem Verhalten in diesem Moment leider Erfolg hat. Die zuerst genannten Methoden führen jedoch in jedem Fall zur Bestätigung und Verstärkung der Gewalt, in deren Folge Sie nicht selten gebissen werden. Nach dem Vorfall müs-

INFO

Generalisierte Angst

Darunter versteht man die Angst vor allem. Es kommt zu einem übermäßigen und multiplen Angstverhalten in bestimmten Stresssituationen, wobei der unmittelbare Auslöser für Angst und Panik nicht selten trotz umfangreicher Anamnese verborgen bleibt.

Ursachen können Kleinkinder und Kinder, unbekannte Gegenstände oder fremde Personen (Männer) in der Öffentlichkeit, Windgeräusche oder ähnliche Reize aus der Umwelt sein.

sen Sie die völlige Kontrolle über das Fütterungsmanagement wiedererlangen, indem der Hund ab sofort kein Futter mehr zur freien Verfügung erhält. Dies bedeutet, dass sich der Hund für mindestens vier bis sechs Wochen sein Futter durch richtig ausgeführte Kommandos erarbeiten muss. Dabei erhält der Hund das Futter zunächst ausschließlich aus der Hand, darauf aufbauend aus dem in der Hand gehaltenen Napf per Handfütterung und später ohne Handfütterung mit Kommandos aus dem Napf. Gelingt auch dies ohne aggressives Verhalten, so füttern Sie den Vierbeiner aus dem auf dem Boden stehenden Napf mit Kommandos, wobei Sie die Futterschale noch mit der Hand festhalten.
Verhält sich der Vierbeiner Hörzeichen gegenüber ignorant oder reagiert er erneut aggressiv, bekommt er an diesem Tag gar kein Futter mehr. Sie brechen die Übung ab und wiederholen sie am nächsten Tag.

236. Generalisierte Angst – Richtig reagieren: **Mein Hund hat vor allem Angst. Wie kann ich ihm helfen?**

?

Bei dieser speziellen Form des Angstverhaltens (generalisierte Angst, Angst vor allem) zeigen die Hunde ein ausgeprägtes Angstverhalten vor vielen Dingen der belebten und unbelebten Umwelt. Der unmittelbare Auslöser für Angst und Panik bleibt nicht selten verborgen (→ Info links). Typisch für diese Angstzustände ist, dass die Tiere in Ruhe, oft eine geraume Zeit nach dem Kontakt mit den vermeintlichen Stressoren (Kinder, Windgeräusche, Unbekanntes), plötzlich panisch fliehen oder sich wie erstarrt nicht vom Fleck rühren. Einige Zeit nach dem Spaziergang zeigen sie ein Zittern bei gespannter Körperhaltung, sind nicht ansprechbar und verweigern bereitgestelltes Futter. Zeigt Ihr Hund die genannten Symptome, sollten Sie unbedingt mit ihm einen Tierverhaltenstherapeuten aufsuchen und eine Therapie beginnen.

237. Geräuschangst – Richtig reagieren: Mein Hund hat Angst bei Gewitter. Obwohl ich ihn immer tröste, verliert er seine Angst nicht. Warum ist das so?

?

Durch das Trösten und Streicheln bestätigen Sie unbewusst die Angst des Hunds, nach dem Motto: »Ich glaube, dass Frauchen auch Angst vor diesem Lärm hat, sonst würde sie ja nicht reagieren …« Stattdessen sollten Sie die Angstreaktion (wie Zittern, Verstecken, Bellen etc.) im Moment des Auftretens völlig ignorieren. Entfernen Sie sich vom Hund (auch innerhalb der Wohnung), suchen ein anderes Zimmer auf und beschäftigen Sie sich mit etwas völlig anderem, nur nicht mit dem Hund. Dadurch verstärken Sie zumindest seine Angst nicht und demonstrieren Gelassenheit. Während sich viele gestresste Hunde zurückziehen (wollen), suchen einige panisch reagierende Hunde die Nähe ihrer Bezugsperson auf und legen sich auf deren Füße, worauf sie sich unmittelbar entspannen. In diesem Fall müssen Sie, sofern Sie sich wirklich ruhig verhalten und Ihren Hund ignorieren, nicht zwangsweise den Raum verlassen, sondern können sich Ihrem Hund als »stummer Fluchtort« anbieten.
Das Ignorieren des ängstlichen Verhaltens im Moment bedeutet nicht, das Tier generell in seiner Angst zu ignorieren, sonst werden die Reaktionen des Hunds unkontrolliert. Deshalb sollten bei auftretenden Geräuschängsten innerhalb der Wohnung oder des Hauses alle Türen offen sein, damit der Hund ausweichen bzw. sich fortbewegen kann. Meist zieht er sich dann auf einen geerdeten Bereich zurück, etwa hinter die Stereoanlage. Diesen Rückzugsort sollten Sie dem Hund mit Decke, Spielzeug oder Kauknochen attraktiv machen. Aber auch Entspannungsübungen, wie das Training eines Entspannungssignals »Decke« oder »Höhle«, helfen, dass der Hund den Geräuschstress besser bewältigt. Verhält sich der Hund in einer Situation furchtlos, in der er normalerweise ängstlich reagiert, sollten Sie ihn belohnen.

238. Hyperaktivität: Mein Hund ist sehr aktiv, verspielt und temperamentvoll. Ist das normal? ?

Je nach Rasse oder Typ kann das durchaus normales Hundeverhalten sein. Krankhaft hyperaktiv sind Hunde erst, wenn sie Konzentrationsschwierigkeiten oder ein geringes Durchhaltevermögen haben oder durch ein Impulskontrollproblem (→ Info, Seite 200) bzw. häufige Aggression »aus heiterem Himmel« auffallen (→ auch Info, Seite 199). Ob Ihr Hund »nur« nervös ist oder eine echte ADHS-Erkrankung (Verhaltensstörung), eine andere organische Stoffwechselerkrankung oder eine Hyperaktivität (unerwünschtes Problemverhalten) hat, können Sie von einem Tierarzt oder Tierverhaltenstherapeuten testen lassen.

GERÄUSCHANGST

Darunter versteht man ein Angstverhalten (Bellen, Winseln, Zittern, Flucht, Erstarren etc.) vor bestimmten Alltagsgeräuschen. Geräuschangst kann im Zusammenhang mit der Trennungsangst (Angst vor dem Alleinsein), als alleiniges Problem und im Zusammenhang mit Angst vor Gegenständen, Örtlichkeiten oder Flugobjekten existieren.

Ursachen:

- Unzureichende Erfahrung mit Alltagsgeräuschen vom Welpenalter an (»idyllische Aufzucht im Wald«), dadurch können sich die Tiere nicht an Geräusche gewöhnen.
- Negative Schlüsselerlebnisse, vor allem negative Schreckerlebnisse, mit lauten Geräuschen
- Bestätigen der Angst durch die Besitzer
- Viel zu enge Besitzer-Hund-Bindung ohne Selbstständigkeit und Unabhängigkeit des Hunds
- Diskutiert wird, inwieweit Ängste angeboren sind. So konnte nachgewiesen werden, dass Welpen von ängstlichen Elterntieren bei verhaltensgerechter Erziehung und positiven, angstfreien Erlebnissen während ihrer Entwicklung zu normalen, gut sozialisierten Hunden heranwuchsen.

239. Hyperaktivität – Richtig reagieren: Mein Hund ist hyperaktiv. Was kann ich dagegen unternehmen?

Wichtig ist es, eindeutige Rituale für »Arbeitszeit« und »Freizeit« festzulegen. Zudem sollten Sie ein erwünschtes Verhalten immer belohnen. Mit Ihrer eigenen Ruhe und Ausgeglichenheit tragen Sie zur Stressminimierung bei. Beim Training sollten Sie dem Hund nur kurze Lerneinheiten von maximal ein bis drei Minuten mit kleinen, leicht erreichbaren Zielen zumuten und anschließend sein Erregungslevel langsam absenken, etwa durch einfache Futtersuchspiele. Hat Ihr Hund eine Übung richtig gemacht, so belohnen Sie ihn auf keinen Fall mit etwas, das er gern macht, sondern am besten mit sehr leckerem Futter in kleinen Portionen. Vermeiden Sie Di-Stress-Strafen (→ Frage 194) und Ignorieren (→ Frage 163), da dies zu einer weiteren Steigerung von Stress und Erregung führt. Überdies ist es ratsam, bei derlei Problemen einen Tierverhaltenstherapeuten zu kontaktieren.

240. Hyperaktivität – Vorbeugen: Wie kann ich von Beginn an vorbeugen, dass mein Welpe später nicht nervös bzw. hyperaktiv wird?

Grundvoraussetzung ist, dem Welpen von klein auf eine ausreichende und allumfassende Sozialisation und Gewöhnung an die Umwelt zu ermöglichen. Später können Sie leichte Konzentrationsübungen, etwa eine zeitverzögerte Leckerligabe, ins tägliche Training einbeziehen. Dafür belohnen Sie ein ausgeführtes Kommando nicht sofort, sondern erst nach einer Pause von wenigen Sekunden, die Sie allmählich auf einige Minuten ausdehnen. Des Weiteren sind wichtig:

➤ Eine ausreichende, individuell und altersgerecht abgestimmte körperliche und geistige Ausarbeitung des Hunds über freie Spaziergänge, Partnerschaftsspiele, Kommandoübungen und Förderung selbst-

HYPERAKTIVITÄT UND ADHS (HYPERKINESE)

Ähnlich wie beim Menschen ist auch beim Hund die Aufmerksamkeitsdefizit-Hyperaktivitätsstörung (ADHS) angeboren.

Anzeichen für Hyperaktivität und ADHS: Diese Hunde fallen durch Konzentrationsschwierigkeiten, Hyperaktivität, geringes Durchhaltevermögen oder häufige Aggression »aus heiterem Himmel« auf. Auch zeigen sie Schwierigkeiten beim Entspannen (Ruhe- und Schlafstörungen) und können sich nicht an bestimmte Reize wie etwas Neues gewöhnen. Die Tiere besitzen meist eine schlechte Frustrationstoleranz und zeigen kein zielgerichtetes Verhalten mehr. Wird der hyperaktive Hund gestraft, wird er noch erregter, und die Konzentration nimmt weiter ab. Hund und Besitzer befinden sich in einem Teufelskreis.

Ursachen: Die Ursachen der gesamten Problematik der Hyperaktivität sind generell vielschichtig.

- Es scheinen Vertreter bestimmter Arbeitsrassen bzw. -linien besonders betroffen zu sein, wie Australian Shepherd, Border Collie, Dobermann, Malinois, Labrador, Deutscher Schäferhund, aber auch Pudel und Welsh Corgi.
- Die Tiere leiden unter einem sogenannten Belohnungsdefizitsyndrom, wobei sie alltägliche Sozialkontakte zum Besitzer als nicht mehr ausreichend empfinden. Sie wollen immer häufiger und länger gestreichelt und beachtet werden und fordern dies auch ein. Dies kann sich bis zum exzessiven Aufmerksamkeit erheischenden Verhalten (AEV) gegenüber den menschlichen Rudelmitgliedern steigern, wie unruhiges Umherlaufen, Bellen und Ähnliches.
- Der Besitzer belohnt und bestätigt unbewusst die Hyperaktivität, indem er dem permanenten »Pföteln«, Bellen oder Anstupsen bzw. Anspringen seines aufgeregten Vierbeiners nachgibt und zum Beispiel weiterspielt.
- Unzureichende Fürsorge und Haltungsbedingungen
- Häufige Sozialisolation (Leine, Zwinger)
- Zu wenig Ruhe- und Schlafphasen (→ Frage 150)
- Übersteigerte Arbeitsbereitschaft durch intermittierende Belohnung, bei der die Hunde für bereits gelernte Kommandos nicht jedes Mal bei erfolgreicher Absolvierung, sondern unregelmäßig ein Lob erhalten

ständigen Arbeitens (Futtersuch- und -erarbeitungsprogramme, Intelligenztests, etc.)

- Vermeiden von Sozialisolation (→ Seite 249)
- Gewährleistung von ausreichenden Ruhe- und Entspannungszeiten
- Bereitstellen eines mobilen Schlafplatzes, den Sie als »Entspannungsinsel« überall mitnehmen können.

Letztlich sind Entspannungsübungen mit Massagen und Streicheleinheiten am entspannt liegenden Hund gut geeignet, dessen allgemeinen Stresslevel zu senken.

241. Im Weg liegen – Vorbeugen: Wie verhindere ich, dass mein Hund immer im Weg liegt?

Es ist generell nicht empfehlenswert, über einen im Weg liegenden Hund zu steigen, denn dies birgt oft erhebliche Risiken. So könnten Sie ungeschickt über den Vierbeiner fallen oder von ihm aggressiv bedrängt werden, weil er Ihr Tun als »anmachende« Geste falsch deutet. Am besten ist es, den Hund zum Aufstehen aufzufordern. Zeigt er ranganmaßendes Verhalten (→ Frage 77), können Sie ihn zum Beispiel durch Öffnen der Kühlschranktür zum Aufstehen veranlassen. Um solchen Situationen vorzubeugen, ist es ratsam, dem Hund nur einen einzigen Lagerplatz anzubieten,

INFO

Impulskontrollproblem

Hunde mit einem Impulskontrollproblem akzeptieren keine Stopp-Signale und können ihre Handlung nicht unterbrechen. Wird dies dennoch versucht, berichten Besitzer häufig von Aggressionen »aus heiterem Himmel«. Ein Impulskontrollproblem stellt neben Unaufmerksamkeit (eingeschränkte Konzentrationsfähigkeit) und Hyperaktivität (motorische Unruhe) als gesteigerte Impulsivität (mangelnde inhibitorische Kontrolle) eines der drei Hauptauffälligkeiten der ADHS dar.

auf den er sich stets als »störungsfreie Insel« zurückziehen kann. Dieser Platz sollte weder im Flur noch in der Küche oder im Schlafzimmer liegen. Hat sich ein solcher Beobachtungsposten bereits etabliert und der Hund ignoriert auch Ihre Abrufkommandos, sollten Sie diesen Platz durch einen großen Blumenkübel oder Ähnliches für den Hund unzugänglich machen.

242. Jagdopfer Hund: Können auch Hunde Jagdopfer von Artgenossen werden?

Dieses sogenannte Mobbing ist eine gefährliche und echte Verhaltensstörung. Im Unterschied zum umgerichteten Jagdverhalten (→ Info, Seite 204) schränkt ein mobbender Hund die Bewegungsfreiheit des anderen ein, um ihn durch Blickfixierung oder Bodycheck nach kurzer Anschleichphase zu hetzen. Betroffen sind meist kleine und ängstlich-unsichere Tiere. Sie brechen die Unterhaltung mit dem Artgenossen während des Erstkontakts vorschnell ab und entfernen sich durch rasche Flucht, anstatt sich in Zeitlupe davonzustehlen. Die anschließende Verfolgung verläuft ohne Kommunikation, das Opfer wird per Bodycheck bedrängt, verfolgt und gejagt, wobei es häufig schwer verletzt oder gar getötet wird.
Ein Grund dafür, warum der betreffende Hund die Opferrolle spielt, kann sein, dass er keine normale Hundeunterhaltung lernen konnte.

243. Jagdopfer Mensch: Weshalb werden Menschen plötzlich als Beute von Hunden gejagt?

Eines der ersten Symptome kann ein spielerisches Verfolgen von sich schnell bewegenden Menschen wie Joggern, Radfahrern oder hinter Bällen herlaufenden Kindern sein. Dies wird meist vom Besitzer zu spät erkannt oder verharmlost. Allesamt bewegen sich aus Sicht des Hunds nicht mehr wie »normale« Menschen, sondern suggerieren ihm durch ihr scheinbar ängstliches und unsicheres Davonrennen ein extremes Meideverhalten (→ Frage 129) und werden damit als Beute gejagt. Aber auch andere Elemente der Jagdhandlungskette (→ Info, Seite 177), wie Fixieren, Umkreisen, Anspringen, geducktes Gehen und Lauern, sind Vorboten einer bevorstehenden Verfolgung. Ursache ist, dass Hunden ein natürliches Beuteschema nicht angeboren ist. Es muss durch individuelle Erfahrung und eine umfangreiche Sozialisation in der frühen Welpenphase erlernt und gefestigt werden! Das ist besonders wichtig bei Kindern, da sie sonst später nicht als kleine Menschen, sondern als zappelnde Beute fehlerkannt werden.

244. Jagdverhalten verhindern: Wie kann ich verhindern, dass mein Hund Menschen verfolgt?

Jagdverhalten wird Hunden häufig antrainiert, indem sie als alternatives Jagdspiel Bälle apportieren, ohne dass ihnen ein »Brems-Kommando« beigebracht wurde. Dies ist ein trainiertes Beutefangverhalten ohne Kontrolle. Gefährlich wird es vor allem für Kinder, die spielend zeitgleich mit dem Hund hinter dem Ball herjagen! In diesem Moment sind die Hunde meist nicht ansprechbar oder anderweitig zu motivieren. Aus Spiel kann dann schnell tödlicher Ernst werden, wobei der Spielpartner Hund zum Täter und der Mensch zum »Beuteopfer« wird.
Die Jagd auf Menschen müssen Sie unbedingt verhindern, indem Sie den Hund in der Öffentlichkeit strikt anleinen! Auch kann das Jagen auf ein bestimmtes Spielobjekt (Dummy, Kong) kanalisiert werden, um die Jagd auf Menschen unterbrechen zu können. Dummy oder Kong eignen sich dafür gut, weil der Hund damit wesentliche Teile der Jagdhandlungskette durchlaufen kann (jagen, packen, totschütteln). Wichtig ist, dass sie zu äußerst attraktiven Bestandteilen im Leben des Hunds werden, denn dann können sie auch

an Orten eingesetzt werden, wo der Hund normalerweise jagdlich motiviert ist.

245. Kind wird angeknurrt – Richtig reagieren: Der Hund knurrt, weil mein Kind mit seinem Spielzeug spielt. Wie reagiere ich richtig?

Kinder stehen weder in der Rangfolge über dem Hund, noch genießen sie einen gewissen Welpen- bzw. Babyschutz. Meist läuft das Zusammenleben jedoch weitestgehend friedlich ab, da kleine Kinder die wichtigen Ressourcen der Hunde nicht bedrohen. Wagt sich jedoch ein Kleinkind unbewusst zu weit nach vorn und es kommt zur Konkurrenz um Futter,

MAULKORB

Wann ist ein Maulkorb sinnvoll?

- Bei Hunden, die bereits durch Aggressionen oder Jagen gegenüber fremden Menschen und Kindern in der Öffentlichkeit oder im eigenen Revier aufgefallen sind
- Bei ängstlichen Hunden, die die Erfahrung machten, dass sie mit Meideverhalten keinen Erfolg hatten (→ Frage 129)
- Beim Tierarztbesuch wegen schmerzbedingter Aggressionen

Maulkorbpflicht: Sie gilt in der Öffentlichkeit für gefährliche Hunde, in manchen Bundesländern auch für große, schwere Rassen. Welche Rassen dazugehören, regelt jedes Bundesland für sich. Auch in der Bahn muss Ihr Hund, wenn er größer als eine Hauskatze ist, einen Maulkorb tragen.

Nachteil des Maulkorbs: Der Hund ist mit Maulkorb bei Begegnungen mit Artgenossen benachteiligt. Wenn er stänkert, muss er einseitig Prügel einstecken, weil er sich nicht wehren kann, und wird unter Umständen nicht nur durch Bisse verletzt, sondern nachfolgend ein zunehmendes Frustrations- und Aggressionsproblem mit Artgenossen oder eine erlernte Hilflosigkeit aufgrund negativer Erlebnisse davontragen.

Wichtig: Gewöhnen Sie den Hund allmählich an den Maulkorb.

Spielzeug, die Nähe zum Besitzer oder Ähnliches, wird der Sprössling vom Hund verwarnt. Diese Warnungen reichen von häufig übersehenen Imponiersignalen (starrer Blick, Nasenrückenrunzeln) bis zu tatsächlichen Drohungen (Knurren, Zähne blecken) und offensiven Handlungen (Schnappen).

Bei solchen Warnungen seitens des Hunds müssen Sie handeln. Lenken Sie sofort die Aufmerksamkeit des Vierbeiners vom Kind auf sich, trennen Sie Hund und Kind räumlich und widmen Sie sich dem Hund mit einigen Kommandogaben, für deren erfolgreiches Ausführen Sie ihn belohnen.

Niemals dürfen Sie panisch schreien, strafen oder hinrennen und versuchen, das Kind zu retten! Dies würde zu Angstreaktionen bei Hund und Kind führen, was die Situation zum Eskalieren bringen könnte (→ auch Tabelle, Seite 154)!

246. Kind wird gejagt – Richtig reagieren:

Mein Hund jagt hinter meinem Kind her, weil es quietschend durchs Zimmer läuft. Muss ich das unterbinden?

?

Hier müssen Sie unbedingt eingreifen, weil es sich um gefährliches Jagdverhalten handelt. Im Prinzip gehen

INFO

Umgerichtetes Jagdverhalten

Dabei wird das Jagdverhalten von einem natürlichen (Beute) auf ein unnatürliches (Sozialpartner) Beuteschema übertragen. Auslöser dafür sind Hunde oder Menschen, die sich ruckartig und extrem schnell vom jagenden Hund wegbewegen. Während beim Mobbing (→ Frage 242) der Hund einen Sozialpartner hetzt, der ihm entgegenkommt bzw. ihn ohne Bewegung erwartet, jagt er beim umgerichteten Jagdverhalten nur, wenn der Sozialpartner schnell flieht.

Sie vor, wie in Frage 245 beschrieben, indem Sie den Hund vom Kind weglocken und dann beide trennen. Niemals dürfen Sie Kind und Hund auch nur für eine Sekunde allein lassen!

Futterdiebstahl leicht gemacht – solch eine günstige Gelegenheit lässt sich kaum ein Hund entgehen ...

247. Klauen vom Tisch – Vorbeugen: Wie kann ich verhindern, dass mein Hund Essen vom Tisch stiehlt?

Am besten beugen Sie Futterdiebstählen vor, indem Sie alle Speisen und Essensreste aus dem Einzugsbereich des Hunds permanent wegräumen und ihm keinen Zugang zum Futter bzw. Mülleimer gewähren. Dafür können Sie dem Hund einen Kauknochen als Belohnung für ein erwünschtes Verhalten anbieten. Hat sich der Hund an Speisen während Ihrer Abwesenheit bedient, dürfen Sie ihn dafür auf keinen Fall bestrafen. Er würde den Zusammenhang zwischen der Maßregelung und der Aktion »Klauen vom Tisch« nicht mehr herstellen können, da zu viel Zeit vergangen ist!

248. »Komm« nur mit Pfeife: Wenn ich meinen Hund rufe, kommt er nicht; wenn ich pfeife, folgt er sofort. Warum ist das so? ?

Vermutlich haben Sie die Übung »Komm« nicht richtig aufgebaut, sodass der Hund auf Ihren Ruf nicht zuverlässig kam. Ihren Ärger darüber hat er gespürt und gesehen, und deshalb kam er noch zögerlicher (→ Frage 250). Dann ist Hilfe in Form eines neutralen, in die Rücklaufbewegung des Hunds gesetzten Signals sehr heilsam – die Pfeife. Unabhängig von Ihrer emotionalen Situation ist ein Pfiff ein Pfiff, er überträgt Ihre miese Laune und allgemein negative Stimmung nicht auf den Vierbeiner.

249. »Komm« nur zu Hause: Daheim befolgt mein Hund das Kommando »Komm« sofort. Warum kann er das unterwegs nicht?

Sie werden vermutlich mit Ihrem Hund den Rückruf immer nur daheim geübt haben. So hat er die Übung mit dem Ort verknüpft. Soll ein Hund in den verschiedensten Situationen kommen, müssen Sie dies auch mit unzähligen Wiederholungen an allen möglichen Orten üben. Generell bedeutet das, dass sämtliche Kommandos und Übungen zunächst ungestört zu Hause und im Einzeltraining richtig aufgebaut werden müssen, dann aber in vielen Situationen, an verschiedenen Orten und zu unterschiedlichen Zeiten viele Tausend Mal geübt werden müssen.

250. »Komm« zu langsam: Mein Hund läuft extra langsam und schnüffelt am Boden, obwohl ich ihn schon mehrfach lautstark gerufen habe. Wie schaffe ich es, dass er schneller kommt?

Vermutlich sind Sie frustriert und haben in dieser Situation das Rückrufkommando mehr geschrien als gesprochen. Haben Sie den Hund im Moment des Wiederkommens auch noch beschimpft, so verknüpft er das Hinlaufen zu Ihnen mit etwas Negativem! Zudem führt die häufige Wiederholung des Rückrufkommandos, obwohl der Hund nicht kommt, zu einer von Ihnen unerwünschten Lernentwicklung: Das Rückrufsignal wird für den Hund zu einem Nichtereignis. Deshalb sollten Sie Kommandos nur einmal, deutlich und verständlich geben und die Ausführung derselben abwarten. Ebenso sinnlos ist es, den Hund zu sich zu rufen, wenn er auf den Ruf seines Namens keinen Blickkontakt zu Ihnen herstellt (→ Frage 166). Kommt der Hund nicht, sollten Sie schnell und kommentarlos in die entgegengesetzte Richtung weitergehen (Hunde reagieren sehr gut auf sich bewegende Dinge!) bzw. den Hund durch ungewöhnliche Körperstellungen (plötzliches Hinhocken, Umfallen, in die Höhe springen etc.) auf sich aufmerksam machen. Auch der Einsatz einer Pfeife kann hilfreich sein (→ Frage 248). Ist der Hund dann doch zu Ihnen gelaufen, müssen Sie ihn ausreichend und überschwänglich loben. Anleinen sollten Sie ihn erst nach einigen Übungen, damit er nicht das Zurückkommen mit einem unmittelbar anschließenden Anleinen verbindet.

ECHTE VERHALTENSSTÖRUNGEN – PROBLEMATISCHES VERHALTEN

Im Folgenden finden Sie die Unterschiede zwischen unerwünschtem Verhalten und echten Verhaltensstörungen.

Unerwünschte Verhaltensweisen: Hierbei handelt es sich um Verhaltenselemente, die vom Besitzer (subjektiv) bzw. von der Öffentlichkeit (»objektiv«) nicht gewünscht werden, jedoch relativ leicht abstellbar sind. Beispiele hierfür wären das Anspringen und Futterbetteln gegenüber Menschen, übermäßiges Bellen, Wälzen in Aas oder das Jagen von natürlicher Beute.

Echte Verhaltensstörungen: Kennzeichen sind Stereotypien (gleichförmige Bewegungen ohne Sinn), gestörter Schlaf-Wach-Rhythmus ohne erholsame Tiefschlafphasen, Wegfall entspannender Körperpflegemaßnahmen, Aufmerksamkeitsdefizite und Hyperaktivität mit Schwierigkeiten beim Entspannen, Konzentrieren und Lernen, reduziertes bzw. fehlendes Erkundungs- und Spielverhalten, extreme Ängste wie Trennungs-, Geräusch- und Untergrundangst, Apathie, Depressionen und erlernte Hilflosigkeit; krankhafte Veränderungen und psychische Störungen. Auch einige zum Normalverhalten zählende Verhaltensweisen, wie Angst und Aggression, sind krankhaft, wenn sie dem Tier Schaden bringen. Echte Verhaltensstörungen bedürfen dringend einer Therapie.

251. Kontakt erzwingen – Ursachen: Weshalb leckt mein Hund dauernd meine Hand, legt die Pfote auf mein Knie und stößt mich mit der Schnauze an?

Bei Frage 76 können Sie lesen, dass diese Verhaltensweisen eine Form der vertrauensvollen Kontaktaufnahme sind. Sie können sich aber zu einem Aufmerksamkeit erheischenden Verhalten ausweiten, wenn Sie immer sofort reagieren. Dabei ist es dem Hund meist gleichgültig, ob Sie ihn loben oder strafen. Wichtig allein scheint, dass er beachtet wird. Je nach Wesen des Hunds kann er regelrecht süchtig nach dieser Art Aufmerksamkeit werden. Um gar nicht erst in die Misere derartiger Abhängigkeiten zu gelangen (oder raus aus dieser Lage), sollten Sie sich von Beginn an über derartige »Freundschaftsbekundungen« im Stillen freuen und den Hund in diesem Moment konsequent ignorieren (→ Frage 163), und zwar so lange, bis er eine erwünschte Alternativhandlung zeigt, etwa sich hinlegt. Diese können Sie dann belohnen.

252. Körperkontakt ausweichen: Warum weicht mein Hund aus, wenn ich ihn umarmen will?

Mit Handschlag, Umarmungen, Herunterbeugen, Hochheben oder Küssen nehmen wir freundlich, liebevoll und beschwichtigend Kontakt miteinander auf. Für Hunde stellen sie jedoch einen Zwangskontakt dar, sie können darin etwas Bedrohliches sehen und

Pfötelnde Hunde fordern so Aufmerksamkeit, Streicheleinheiten, Futter oder Spiele ein – oder sie bitten aktiv um Vergebung.

reagieren darauf ängstlich und mit Meideverhalten (→ Frage 129).
Mögliche Alternativen, die der Hund als wirklich freundliche Zuwendung verstehen kann, können Sie auf Seite 71 nachlesen.

253. Kotabsatz im Garten: Weshalb nutzt unser Hund nicht unser großes Grundstück, um dort sein Geschäft zu erledigen?

Hunde halten ihre Reviere gern sauber. Bereits in der frühen Welpenphase bemühen sich die jungen Hunde, durch immer ausgedehntere Ausflüge zunehmend ihr Welpennest und später ihr Heim bzw. Kernterritorium nicht zu verunreinigen. Demnach ist zunächst das Bestreben, »Toilette« und Aufenthaltsort durch einen möglichst großen Abstand voneinander zu trennen, ein ganz natürliches und angeborenes Verhalten. Neben der Wohnung bzw. dem Haus zählt ebenso das Grundstück als erweitertes Kernterritorium nicht zu den bevorzugten Toilettenorten unserer »Haushunde«.

254. Kotabsatz in der Wohnung – Welpe: Warum macht mein Welpe sein Geschäft nicht draußen, sondern in der Wohnung, und zwar unmittelbar nach der Rückkehr?

Häufige Ursache für diese Form der Unsauberkeit sind sogenannte überlastete Territorien. So nutzen wir Menschen oft aus Bequemlichkeit stets dieselben »Gassiwege« und wundern uns, weshalb unsere kleinen bzw. jungen Hunde so lange an den Markierungen anderer Hunde schnüffeln. Wie Sie bei Frage 45 lesen können, erfahren die Hunde dadurch, dass hier auch größere, stärkere und potentere Artgenossen ihre territorialen Ansprüche signalisieren, nach dem Motto: »Wer hier drüberpinkelt, bekommt Ärger.« Kleine, ängstliche und körperlich schwächere Vierbeiner lösen

sich daraufhin aus Angst nicht draußen, sondern halten so lange an, bis sie wieder zu Hause sind. Dort ertragen sie lieber die Standpauke des erbosten Besitzers, wenn er nach der Rückkehr vom Spaziergang das Malheur entdeckt. Weitere Ursachen können Ängste und Phobien (etwa vor Geräuschen, Menschen, Artgenossen) im Außenbereich oder Unsauberkeit als Aufmerksamkeit erheischendes Verhalten sein.
Abhilfe schaffen Sie, wenn Sie die Gassiwege variieren. Oder Sie führen Ihren Hund sofort nach der Rückkehr, noch bevor Sie das Haus betreten, neuerlich auf ein möglichst unbelastetes Stück Rasen. Da sich der Hund bis jetzt das Urinieren »verkniffen« hat, wird er nun wahrscheinlicher den Urin im Freien absetzen.

255. Kot fressen – Ursachen: Weshalb fressen Hunde Kot? ?

Das Fressen von Kot (Koprophagie) ist eine Sonderform der Pica (→ Info, Seite 167). Sowohl bei Rüden als auch bei Hündinnen kann dies als normal gelten, solange sie die Exkremente ihrer Welpen fressen. Ein Viertel aller Hunde zeigt dieses Verhalten jedoch auch im sonstigen Alltag, wobei es die Form einer Stereotypie annehmen kann. Nahezu jeder Besitzer wird auf Fressen von Kot prompt reagieren. Die vorher empfundene mangelnde Zuwendung durch den Menschen wird so durch den Hund erfolgreich beendet.

256. Laufen am Zaun: Warum läuft mein Hund ständig am Zaun hin und her? ?

Hunde möchten immer mit ihrer Familie zusammen sein. Werden sie isoliert gehalten, geraten sie in einen Stresszustand, der häufig chronisch wird. Sie versuchen, den Stress abzubauen, indem sie ein sogenanntes Übersprungverhalten zeigen, das heißt ein Verhalten, das der momentanen Situation nicht entspricht, das aber zum Stressabbau führt. So kann sich ein anfängliches Bellen oder erfolgloses Springen am Zaun in ein Benagen der Pfoten (→ Frage 293) oder in stundenlanges Hin- und Herlaufen (»Manegebewegungen«) umwandeln. Viele Besitzer interpretieren diese Bewegungsstereotypien als gelungene Art der Ausarbeitung. Am besten integrieren Sie den Hund sofort ins Rudel »Familie«, auch nachts.

257. Leerlaufhandlung – Schnappen: Warum schnappt mein Hund öfter um sich in die Luft, obwohl keinerlei Insekten zu sehen sind?

Es ist normal, dass Hunde Insekten vertreiben, nach ihnen schnappen und sie jagen. Wenn jedoch gar

UMGERICHTETES HÜTEVERHALTEN

Hunde mit starkem Hüteverhalten suchen permanent nach Auslösern für ihre Bestimmung. Sind sie ohne »Hütejob« oder konnten sie als Welpe ihr »Hüteschema« mit dem Herdentier (Schaf, Rinder etc.) nicht kennenlernen, sind sie permanent auf der Suche nach immer neuen belebten und unbelebten Auslösern für ein Hüten. Da sich jedoch weder Autos noch Bälle oder Menschen hüten lassen, laufen Hütehunde wie Border Collies oder Australian Shepherds Gefahr, Ersatzhandlungen am falschen Objekt ohne Sinn und Ziel (stereotypes Verhalten, → Tabelle, Seite 232/233) zu entwickeln.

Wie wirkt es sich aus: Hütehunde ohne Arbeit rennen zum Beispiel zunächst hinter territorialen Grenzen wie Zäunen, hinter jedem vorbeifahrenden Fahrrad her, oder sie gehen dazu über, Passanten nicht nur zu verfolgen, sondern gezielt zu attackieren und nach deren Fersen zu schnappen. Wenig später zeigen sie dies auch ohne Auslöser. Sie bemerken, dass sie damit Stress abbauen können – Suchtverhalten und Stereotypien entstehen, die Tiere »können nicht mehr anders«!

keine Fliege vorhanden ist, der Hund einen imaginären Schatten jagt oder einen Gegenstand minutenlang fixiert, der eigentlich nicht jagdbar bzw. von Bedeutung oder schlichtweg nicht vorhanden ist, dann scheint er zu spinnen. Er ist dann weder ansprechbar noch von seiner Tätigkeit abzubringen. Er scheint dabei zweifellos Lust zu empfinden. Im Gehirn werden Glückshormone ausgeschüttet, die jedoch zu immer weiterem und gesteigertem Sinnlosverhalten anheizen. Zur Vorbeugung → Tabelle, Seite 232/233.

258. Leinenzwang – Folgen für den Hund: Welche Verhaltensprobleme sind die Folge, wenn Hunde nur angeleint Gassi geführt werden? ?

Laufen Hunde nur an der Leine oder am Fahrrad und halten sich nur im Garten auf, ist ihr Bewegungs- und Erkundungsverhalten eingeschränkt. Sie sind chronisch unterbeschäftigt, außerdem fehlen ihnen vor allem die wichtigen Sozialkontakte zu Artgenossen und Menschen. In der Folge führt dies zu fehlendem Selbstbewusstsein und zu Unselbstständigkeit, Angst, mangelhafter Fähigkeit, Krisen zu bewältigen, zu Frustrationen und Aggression. Sie verlernen sowohl die Hundesprache als auch die Fähigkeiten, menschliche Reaktionen aggressionsfrei zu verstehen und zu tolerieren. Permanenter Leinenzwang verstößt auch gegen geltendes Tierschutzrecht.

259. Markieren – Fremde Umgebung: Früher konnte ich mit meinem Rüden überall hingehen. Seit einiger Zeit hebt er in fremder Umgebung sein Bein. Warum tut er das? ?

Dieses Verhalten ist für viele Besitzer mehr als peinlich. Der Hund scheint dabei wenig zwischen drinnen und draußen, eigenem oder fremdem Territorium zu unterscheiden. Besucht man mit seinem markieren-

den Hund häufiger dieses Revier, kann es zu einer Erweiterung des eigenen Territoriums kommen. Dann überträgt er seine Stubenreinheit auch auf dieses Revier und unterlässt allmählich sein Markieren.
Manche Hunde, insbesondere unkastrierte Rüden (seltener Hündinnen), drücken mit diesem Verhalten ihr Selbstbewusstsein aus. Je selbstsicherer und ranghöher ein Hund ist, desto eher wird er markieren. Hunde tun es aber auch unabhängig vom normalen Ausscheidungsverhalten besonders dort, wo andere Hunde (und deren Gerüche) in eigenen oder fremden Territorien (Tierarztpraxen) anwesend sind oder waren. Als Auslöser gelten dabei unter anderem fremde Besucher, Artgenossen, neue Familienmitglieder oder andere Tiere, die ins Haus vorübergehend oder bleibend einziehen oder die durchs Fenster auf der Straße beobachtet wurden. Besonders häufig kommt es zum Urinmarkieren bei unklaren Rangordnungsverhältnissen, Strafanwendungen, Angst und Stress, latenter Unsauberkeit und bei gestörtem Hund-Besitzer-Verhältnis.

Wer dermaßen hohe und deutliche Zeichen setzt, hat seinen Artgenossen sicher etwas Wichtiges mitzuteilen.

260. Markieren – Personen: Auf den letzten Spaziergängen hat mein Rüde auf der Hundewiese ab und zu mein Bein oder das anderer Hundebesitzer markiert. Warum tat er das? ?

Durch Markieren kennzeichnen Hunde nicht nur ihr Revier, sondern sie zeigen es auch in Situationen einer

gesteigerten Erregungslage oder auch als Ausdruck eines Rangordnungsproblems. Dabei bespritzen sie die Beine des Besitzers oder von fremden Personen mit Urin. Ersteres kann eine dominante Handlung dem Besitzer gegenüber darstellen, nach dem Motto: »Du gehörst mir.« Häufiger passiert diese Art der Personenmarkierung jedoch, weil der Hund im Verlauf einer Hundebegegnung die Beine des eigenen (seltener) oder des anderen Hundebesitzers als einzige Möglichkeit für ein demonstratives Markierverhalten gegenüber dem Artgenossen sah. Meist entwickelt sich bei männlichen Tieren dieses Verhalten erst nach dem Erreichen der Geschlechtsreife.
Das Verhalten kann auch als sogenannte Übersprunghandlung (→ Info, Seite 119) zur Stresskompensation bei allgemein gesteigerter Erregungslage bzw. bei unsicheren und ängstlichen Hunden auftreten. Sie fühlen sich durch das Setzen der Urinmarken sozial sicherer.

261. Mobbing – Richtig reagieren: Muss ich als Halter eingreifen, wenn mein Hund einen Artgenossen jagt?

Ja! Während man sich optimalerweise aus normalen und kommunikativen Hundebegegnungen strikt heraushalten sollte, muss man Tiere, die eindeutig Artgenossen »mobben« (→ Frage 242), versuchen zu trennen. Leinen Sie dann den jagenden Hund wortlos an, führen ihn weg und lassen ihn in Zukunft so lange nicht frei und ohne Maulkorb laufen, bis dieses ge-

Flucht und vorzeitiger Gesprächsabbruch als übertriebenes Meideverhalten kann die Meute zum »Mobbing« verleiten.

fährliche Verhalten in Zusammenarbeit mit einem Tierverhaltenstherapeuten abgestellt werden konnte. Sowohl »Mobbing« als auch »umgerichtetes Jagdverhalten« kann über konditionierte Jagdabbruchsignale, ein Umleiten des Jagens auf ein Alternativverhalten (Tragen eines Dummys) und ein gutes Gehorsamkeitstraining unter fachkundiger Anleitung unter Umständen in Grenzen gehalten werden.

262. Mülleimer durchsuchen: Wie kann ich vorbeugen, dass mein Hund in jedem Mülleimer nach etwas Fressbarem sucht? ?

Das Suchen nach Futter ist Hunden angeboren, und sie lassen kaum eine Gelegenheit aus, um Essen und Futter zu ergattern. Das Stehlen von Futter bzw. Essen birgt jedoch gesundheitliche Gefahren wie Vergiftungen, Magen-Darm-Verstimmungen oder die Aufnahme von gefährlichen Fremdkörpern. So kann aus dem normalen Neugierverhalten ein unerwünschtes Problemverhalten werden. Zudem belohnen sich die Hunde selbst, weil sie nach nur wenigen Streifzügen genau wissen, wo Fressbares zu finden ist. Und Ihre Aufmerksamkeit ist ihnen sicher!
Die beste Lösung ist es, das Verhalten durch ein verlässlich funktionierendes Abbruchsignal (»Pfui«) zu unterbrechen. Abgewöhnen lässt es sich auch durch indirektes Strafen (→ Frage 196). Hierzu präparieren Sie einen Futterhappen mit einer scharf-würzigen Substanz, etwa Chili oder Piri Piri, und legen den Köder vor dem Spaziergang in den entsprechenden Behälter. Während des negativen Erlebnisses mit dem Müll müssen Sie den Hund unbedingt ignorieren (→ Frage 163), damit er Sie nicht mit der Strafe in Verbindung bringt. Dazu gehört auch, dass Sie den Köder nur mit geruchsneutralen Einmalhandschuhen anfassen. Wie Sie dabei vorgehen, lassen Sie sich am besten von einem erfahrenen Tierverhaltenstherapeuten erklären.

263. Nahrungsverweigerung: Stimmt es, dass Hunde komplett die Nahrung verweigern können, obwohl sie klinisch gesund sind?

Zunächst scheint es absurd, dass Tiere Nahrung verweigern, die nicht klinisch krank sind. Es gibt jedoch verschiedene Gründe dafür.

- Die Hunde reagieren besonders stark emotional.
- Veränderungen im Sozialverband, wie ein Weggang oder gar der Tod eines Rudelmitglieds (Artgenosse oder Mensch) oder auch der eigene Wechsel in einen neuen Familienverband
- Trennungsangst; diese Hunde fressen erst, wenn die Familie endlich wieder beisammen ist.
- Aufmerksamkeit erheischendes Verhalten wegen Unterforderung oder unklarer Rangordnung in der Familie (→ Frage 135)

Wenn Sie keinen ersichtlichen Grund für die Futterverweigerung finden, sollten Sie mit Ihrem Hund einen Tierverhaltenstherapeuten aufsuchen.

264. Nicht anfassen lassen – Richtig reagieren: Wie reagiere ich richtig, wenn ich meinen Hund weder anfassen noch bürsten oder baden kann?

In diesem Fall sollten Sie das Tier nicht mit Gewalt, also durch Festhalten oder alleinigem Aufsetzen eines Maulkorbs, diesem Stress aussetzen. Dadurch würden Sie die Angst noch verstärken. Das kann so weit ge-

Bei »Futterverweigerern« helfen keine permanent dargebotenen vollen Futterschalen, sondern Verknappung der Ressource.

hen, dass Ihr Hund Angst vor Ihnen bekommt, sobald Sie die Bürste in die Hand nehmen. Er lernt, dass sein Meideverhalten (→ Frage 129) keinen Erfolg hatte, und wird förmlich zum aggressiven Agieren genötigt. Am besten verhalten Sie sich im Moment des Knurrens kurz still und entfernen sich einen Moment später mit langsamen Bewegungen vom Hund. Dabei sollten Sie ihn richtig ignorieren (→ Frage 163). Nach ein paar Tagen können Sie den Hund behutsam Kontakt mit der (am besten neuen) Bürste aufnehmen lassen und ihn an weniger sensiblen Stellen streicheln. Im Verlauf einiger Wochen können Sie dann die Intensität und Dauer der Berührung mit der Bürste allmählich steigern. Verhält sich der Hund nicht ängstlich, loben Sie ihn mit besonders schmackhaften Futterstückchen. Dann wird sich seine Abneigung gegen das Anfassen legen.

265. Nicht anleinen lassen – Richtig reagieren: Mein Hund lässt sich nicht anleinen. Woran kann das liegen?

?

Zeigt ein Hund beim Anlegen eines Halsbands Angst bzw. erträgt er das Anleinen nicht, so muss er schrittweise daran gewöhnt werden. Die Ursachen dieser Angst sind meist mit negativen Erlebnissen in der Vergangenheit verbunden. So können bestimmte schmerzerzeugende Halsbänder (Stachel- oder Würgehalsbänder, Stromreizhalsbänder) oder der Besitzer selbst (Leinenruck, schmerzhaftes Zerren am Halsband) zu angstauslösenden Faktoren werden. In diesem Fall sollten Sie Halsband und Leine austauschen, um die negative Assoziation (Verknüpfung) für das künftige Training auszuschalten.
Sind Sie selbst der angstmachende Faktor, so muss zunächst eine für den Hund neutrale Person das folgende Training beginnen. Einige Wochen später können dann Sie unter vielen Beschwichtigungssignalen (→ Tabelle, Seite 71) das Training fortführen.

266. Pfütze im Haus – Folge von Strafe: Bisher hat es während meiner Abwesenheit häufiger »Unfälle« gegeben. Daraufhin habe ich meinen Hund gestraft. Seitdem finde ich erst viel später die Pfützen. Warum ist das so?

?

Bestrafungen sind sinnlos und kontraproduktiv, da sie das Vertrauensverhältnis zwischen Besitzer und Hund empfindlich stören. Zudem empfinden Hunde dabei Angst und Stress, was zusätzlich das Ausscheidungsverhalten blockiert, bis es durch den extrem angestiegenen Blasendruck zu einer Spontanentleerung kommt. Einige Hunde haben über die erlittenen Strafmaßnahmen wie »Nase-in-die-Urinpfütze-Drücken« gelernt, sich ihrer Ausscheidungen ausschließlich bei Abwesenheit der Besitzer zu entledigen, da sie Kot- oder Urinabsatz mit Strafe durch den anwesenden Besitzer in Verbindung bringen.
Es ist also nicht die Schuld des Hunds, sondern vielmehr das Versagen des Menschen, wenn der Hund einem natürlichen Bedürfnis an einem vom Menschen unerwünschten Ort nachgibt. Wichtig ist es, den Hund auf einen erwünschten Untergrund für sein Geschäft zu konditionieren.

267. Pfütze im Haus – Richtig reagieren: Wie muss ich reagieren, wenn ich ein Malheur entdecke?

?

Ist das Malheur bereits passiert, dann entfernen Sie es am besten kommentarlos und reinigen diese Stellen gründlich mit Essig- oder Zitronensäurepräparaten, danach mit medizinischem Alkohol. Auf keinen Fall dürfen Sie ammoniakhaltige Detergentien oder Deodorants verwenden, um dem Hund keinen geruchlichen Anreiz zu bieten, an der gleichen Stelle erneut Kot oder Urin abzusetzen. Des Weiteren ist es wichtig, den Hund die ganze Zeit über zu beobachten, um ihn beim geringsten Verdacht nach draußen zu bringen.

Sollte dies nicht immer möglich sein, schränken Sie seinen Aktionskreis innerhalb der Wohnung zeitweise ein, zum Beispiel mithilfe eines großzügig gestalteten Zimmerkäfigs (Laufgitter für Hunde), in dem sich der Hund gut bewegen und spielen, den er jedoch nicht ohne Hilfe verlassen kann. Muss der Hund dann Kot oder Urin absetzen, meldet er dies eindeutig über Kratzen, Winseln und Fiepen. Daraufhin müssen Sie ihm natürlich die Gelegenheit dazu draußen geben.

268. Pfütze im Haus – Strafen: Sollte ich meinen Hund bestrafen, wenn ich ein »Malheur« bei meiner Rückkehr im Haus finde? ?

Betrachtet man die Ursachen für Unsauberkeit in der Wohnung (→ Info, Seite 243), wird schnell klar, dass Strafen die schlechteste Reaktion des Hundebesitzers ist. Bei einem ängstlichen Hund setzen Sie damit einen Teufelskreis in Gang, der zur Eskalation führen kann. Oder der Hund lernt, dass menschliche Hände unberechenbar und gefährlich sind, der Teppich als Ort keine gute Idee war und dass er sich das nächste Mal nicht erwischen lassen darf und deshalb warten muss, bis er allein ist. Das heißt, dass er in Folge nur in Abwesenheit Urin absetzt und sich bei Anwesenheit des Besitzers sein Geschäft verkneift (→ Frage 266). Auch Letzteres kann in einen Teufelskreis münden, wenn die Ursache der Unsauberkeit eine Blasenentzündung ist. Denn das Verkneifen verstärkt wiederum das entzündliche Geschehen.
Wie Sie richtig reagieren, lesen Sie bei Frage 267.

269. Plötzlicher Ungehorsam: Jahrelang war mein Hund sehr friedlich. Warum widersetzt er sich plötzlich meinen Anweisungen? ?

Wenn Ihr Hund ab und an Ihre sozialen Führungskompetenzen testet, ist das normal. Hunden wurde,

wie vielen in sozialen Strukturen eingebundenen Lebewesen, unterstellt, dass sie zeitlebens in der Hierarchie einer Gruppe aufsteigen wollen (soziale Expansion). Hunde sind jedoch eher Opportunisten, die zwar einen Vorteil für sich nutzen, aber gleichfalls stets zu Kompromissen bereit sind. Dabei scheinen sie unbewusst eine Art »Aufwand-Nutzen-Kalkulation« aufzustellen, um mit möglichst geringem Risiko und Einsatz maximale Erfolge anzustreben.
Werden Hunde jedoch im Rudel »Familie« über die Jahre immer mehr gleichberechtigt zu den menschlichen Mitgliedern behandelt oder werden ihnen zu viele Rechte geboten, so sind sie damit vielfach überfordert. Deshalb ist es am einfachsten, dem Hund klare und einfach umzusetzende Strukturen und Regeln (Hausordnungsprinzipien) von Beginn des Zusammenlebens an vorzugeben und diese lebenslang beizubehalten (→ Frage 135, 137).

270. Raufen – Richtig reagieren: Was kann man tun, wenn die Hunde aggressiv miteinander raufen?

?

Treffen zwei normal sozialisierte Rivalen aufeinander und es kommt zur Rauferei, dürfen sich die Hundebesitzer niemals einmischen! Denn der Kampf könnte eskalieren. Auch ist die Gefahr hoch, dass der Hund frustrations- oder schmerzbedingt gegen den Besitzer aggressiv reagiert. Selbst wenn es Ihnen anfangs schwerfallen sollte, drehen Sie sich bei beginnenden kämpferischen Auseinandersetzungen schnell um und laufen vom Ort des Streits weg, ohne den Hund zu sich zu rufen. Vielleicht reagiert der Besitzer des Rivalen gleichermaßen und rennt in die entgegengesetzte Richtung davon. Damit erreichen Sie eine perfekte Deeskalation des Streits, indem die Hunde selbst entscheiden können, wann sie die Unterhaltung beenden wollen. Unmittelbar nach dem nur Sekunden währenden Erststreit schauen sich nämlich beide Hunde häufig nach ihren Besitzern um. Sind Sie weggegangen, hat jeder Hund Angst, seine wichtigste Ressource, den Besitzer, zu verlieren. Beide werden den Streit für beendet erklären und schnell in Richtung ihrer Menschen laufen. Dann können Sie Ihren Hund zu sich rufen und anleinen, um einen erneuten Kampf zu verhindern. Wichtig dafür ist, dass das Rückrufkommando funktioniert.

271. Schlaf-Wach-Rhythmus – Störung: Mein Hund ruht kaum und schläft weniger als früher. Kann ihm das schaden?

?

Bei Ihrem Hund ist der Schlaf-Wach-Rhythmus gestört. Dies kann ein Hinweis auf altersbedingte (Demenz) oder stereotype Erkrankungen sein. Als Folge des Schlafdefizits läuft der Vierbeiner Gefahr, seinen natürlichen Bedarf an Regeneration nicht mehr sicherstellen zu können. Dauert der Zustand an, leidet der Hund. Er zeigt alle Anzeichen einer Hyperaktivität oder ADHS (→ Info, Seite 199). Zunehmend hat er auch bei alltäglichen Abläufen und Kommandos Schwierigkeiten, sich auf die jeweilige Situation zu konzentrieren. Dennoch scheint er dringend vielen wichtigen Dingen nachgehen zu müssen. Von einem puren Bewegungsluxus ergriffen, läuft er ohne Sinn bzw. um des Laufens willen.

272. Schlechtes Gewissen: Sobald ich eine Pfütze im Haus finde, macht mein Hund schon ein reuevolles Gesicht. Hat er ein schlechtes Gewissen?

?

Nein, Hunde sind frei von einem »schlechten Gewissen« oder von »Schuldbewusstsein« im Zusammenhang mit gezeigtem Verhalten. Vielmehr wollen sie mit ihrer Mimik, Gestik und Körperhaltung den Besitzer beschwichtigen, um einen drohenden Stress mit diesem zu vermeiden. So haben sie entweder in der Vergangenheit gelernt, dass es bei »Sauberkeitsunfällen« im Haus nach der Rückkehr des Besitzers zu Strafen bzw. Strafandrohungen kommen kann. Oder die momentane Mimik, Gestik und Körperhaltung des Besitzers wirken dermaßen bedrohlich (Stirnrunzeln, starrer Blick, Innehalten in der Bewegung, Körperspannung), dass der Hund unmittelbar mit Unterwürfigkeit und Meideverhalten aus Angst vor dem Besitzer reagiert.

273. Schwanz jagen – Richtig reagieren: Mein Hund hat die Angewohnheit, seinen Schwanz zu jagen. Wie reagiere ich richtig? ?

Das Schwanzjagen, auch Kreiseln genannt, kann sich häufig aus dem Spiel mit dem Besitzer, in Begrüßungs- bzw. Aufbruchsituationen, aber auch bei plötzlichen Situationsänderungen (auch von Aktivität zur Ruhe) entwickeln. Nicht selten jagen bereits Welpen ihren Schwanz. Viele Besitzer freuen sich über einen derart um sich selbst tanzenden Hund und loben ihn für diese »Kunststücke«. Doch aus dem anfangs lustigen Spiel könnte sich eine für das Tier gefährliche Verhaltensstörung entwickeln, in deren Folge sich der Hund tiefe Wunden zufügt. Schlimmstenfalls kann dies in eine sogenannte Bewegungsstereotypie (→ Tabelle, Seite 232/233) münden.
Ignorieren Sie das Verhalten von Anfang an (→ Frage 163) und belohnen Sie Ihren Hund erst wieder, wenn er ein erwünschtes Alternativverhalten zeigt.

274. Sexuelle Hyperaktivität – Hündin: Was kann ich tun, wenn meine Hündin sexuell hyperaktiv ist? ?

Wenn Hündinnen mehr als zweimal pro Jahr läufig werden, die Läufigkeit ungewöhnlich lange andauert

AUSWIRKUNGEN EINER KASTRATION AUF DAS VERHALTEN DES HUNDS

Unerwünschtes Problemverhalten lässt sich, weil überwiegend gelernt, durch eine Kastration nicht »wegoperieren«! Beim Rüden kann man gegebenenfalls die Wirksamkeit über eine »chemische« Kastration vom Tierarzt vortesten lassen.

Eine Kastration beeinflusst erfolgreich bzw. positiv

- eindeutig sexuell motiviertes Streunen und echte Hypersexualität bei Hündinnen und Rüden.
- extreme Probleme während der Läufigkeit bzw. Scheinträchtigkeit.
- Probleme durch Dauerläufigkeit (Nymphomanie) wie andauernde Belästigung durch Rüden.

Eine Kastration beeinflusst nicht erfolgreich bzw. negativ

- »provokantes« oder aggressives Verhalten, vielfaches Beinheben oder »Klammern« bei Rüden.

Negative Folgen einer Kastration:

- Verzögerte Sozialreife bei Hündinnen und Rüden durch Frühkastration (vor Erreichen der Geschlechtsreife)
- Stoffwechselbedingte Fettleibigkeit bei Hündinnen und Rüden trotz verminderter Futtergabe
- Zunehmende Unsicherheit und Unselbstständigkeit gegenüber der Umwelt bei Hündinnen und Rüden
- Ungünstiger Einfluss auf das Angst- und Aggressionspotenzial gegenüber Sozialpartnern bei Hündinnen und Rüden
- Unsauberkeitsprobleme bei Hündinnen durch Altersinkontinenz (eingeschränkte Schließmuskelfunktion) aufgrund der fehlenden weiblichen Geschlechtshormone
- Aggressionssteigerung bei ängstlich-aggressiven Tieren, deren Aggressionen zeitmäßig nicht auf die Läufigkeit beschränkt waren (Kastration als »Kunstfehler«!)
- Infolge der veränderten Intimgerüche werden Rüden oft von (männlichen) Artgenossen bedrängt, woraus sich vermehrt aggressive Zwischenfälle entwickeln können.

oder gar eine Dauerläufigkeit besteht, sollten Sie aus medizinisch-gesundheitlichen Gründen zur weiteren Abklärung dringend einen Tierarzt aufsuchen.
Ist die Hündin organisch erkrankt (Erkrankungen der Eierstöcke, Gebärmutter oder Diabetes mellitus), leidet sie unter regelmäßigen Scheinträchtigkeiten mit Komplikationen (Entzündungen des Gesäuges), sind wegen einer latenten Dauerläufigkeit die Rüden extrem zudringlich oder verhält sich die Hündin einzig und allein während der Läufigkeit und Scheinträchtigkeit vermehrt aggressiv, so wäre unter Abwägung möglicher Risiken und Nachteile eine chirurgische Kastration angezeigt (→ Tabelle, Seite 223).

275. Sexuelle Hyperaktivität – Rüde: Stimmt es, dass manche Rüden hypersexuell sind?

Das Sexualverhalten unserer Hunde, insbesondere das der Rüden, wird im Vergleich zum Wolf oft als übersteigert bewertet. Wenn man Hund und Wolf vergleicht, dann wird eine Wölfin nur einmal im Jahr läufig, Hündinnen dagegen relativ häufig. Letztere animieren die Rüden über ihre Markierungen und ihr Paarungsverhalten (→ Frage 103) andauernd zum Sex. In der Folge streunen Rüden auf der Suche nach potenziell willigen Hündinnen. Das ist völlig normales Sexualverhalten. Da sich jedoch viele Hunde bekanntlich selten oder nie paaren dürfen, die angeborene Motivation dazu aber durchaus vorhanden ist, suchen sie nach alternativen Endhandlungen, um ihren Stress und ihre mögliche Frustration abzubauen. Dies können lang anhaltende Bell- und Heulorgien oder Klammergriff mit eindeutigen Friktionsbewegungen an Kissen, Stuhl- oder Menschenbeinen sein.
Andere Hunde haben nur wenig Interesse am sonstigen Alltagsleben, verweigern Futter, Spiele mit dem Besitzer und den Gehorsam.
Eine weitere Alternative ist Homosex mit willigen und geduldigen Rüden (→ Frage 48).

276. **Sicht- vor Hörzeichen – Ursachen: Ich habe gelesen, dass manche Hunde Hörzeichen ignorieren, aber auf Sichtzeichen reagieren. Was ist der Grund dafür?** ?

Hunde kommunizieren angeborenermaßen eher mit Mimik, Gestik und Körpersprache. Deshalb sind Sichtzeichen für Hunde eindeutiger und zuverlässiger. Allerdings kann die Bevorzugung von Sichtzeichen auch antrainiert sein. Üben mit dem Hund mehrere Personen mit unterschiedlicher Stimmhöhe und Klangmodulation, die keine einheitlichen Kommandos verwenden, dann wird sich der Hund weniger auf akustische Signale als eher auf die möglicherweise einheitlichen und eindeutig erkennbaren Sichtzeichen verlassen. Auch häufiges Strafen mit laut polternder Stimme oder mehrfaches Wiederholen der gleichen Worte können den Hund veranlassen wegzuhören. Haben Sie den Verdacht, dass Ihr Hund schwer hört, sollten Sie ihn vom Haustierarzt untersuchen lassen.

277. **Sich wälzen in Kot: Weshalb wälzt sich mein Hund so gern in Aas oder Kot?** ?

Vermutlich geht dieses Verhalten auf den Wolf zurück. Wölfe überdecken ihren eigenen Körpergeruch durch Wälzen in toten Beutetieren, um erfolgreicher jagen zu können. Die Beute wird verwirrt, weil sie im Jäger einen vermeintlichen Artgenossen riecht. Eine weitere Theorie geht davon aus, dass die Jäger so ihren Rudelmitgliedern gefundene Nahrung anzeigen. Unseren »Haushunden« dient dieses Verhalten höchstwahrscheinlich als Statussymbol den Artgenossen gegenüber. So ist innerhalb eines Rudels immer der Hund besonders interessant, der »Eau de Aas« aufgelegt hat. Aber auch dem Besitzer kann die Nachricht gelten: »Beachte mich!« Schnell lernen unsere Hunde, dass sie sofort Aufmerksamkeit erhalten, sobald sie einen solchen Parfümierungsversuch starten.

TERRITORIALAGGRESSION

Darunter versteht man die übersteigerte und oft unbegründete Sorge des Hunds um das Kernterritorium. Territorialaggressive Hunde drohen über tiefes Knurren, Bellen, Zähnefletschen und Distanzverringerung meist sehr sicher, wenig ängstlich und fühlen sich in ihrem oft viel zu hohen Sozialstatus dazu berufen, alles zu sichern – wenn nötig, mit Gewalt.

Ursachen für übersteigertes Wachverhalten:

- Haltung ohne tägliche Kontakte zur Außenwelt im freien Auslauf und daraus resultierende Langeweile und soziale Unsicherheit
- Ungewollte Bestätigung des Verhaltens durch Lob oder Tadel seitens des Besitzers
- Zu Autonomie, Unabhängigkeit und selbstständigem Handeln gezüchtete Rassen, wie Herdenschutzhunde (→ Seite 247), denen territoriale Aggression gegenüber Sozialpartnern und anderen Lebewesen (Wölfe und andere Beutegreifer) zumindest teilweise in den Genen liegt

Richtig reagieren bei Territorialaggression:

- Dem Hund auch innerhalb des Hauses bzw. Grundstücks einen Maulkorb anlegen und ihn anleinen
- Keinen Kontakt zu fremden Personen und insbesondere Kindern ohne Ihre Aufsicht zulassen
- Keinen Freilauf auf dem Grundstück ohne Aufsicht!
- Den Hund 15 Minuten vor Eintreffen und 15 Minuten vor der Verabschiedung des Besuchs separieren; dadurch verknüpft er den Besuch nicht negativ mit dem kurzzeitigen Wegsperren
- Die Besucher anhalten, sich ruhig, entspannt und nicht hektisch zu verhalten und den Hund permanent zu ignorieren (→ Frage 163). Ein Maulkorb ist Pflicht, und es entspannt sich leichter!
- Bei Ortswechseln des Besuchers innerhalb des Territoriums (Toilettenbesuch) den Hund per Leine kontrollieren

Territorialaggression vorbeugen:

- Bei der Auswahl des Hunds auf Herkunft und Rasse bzw. Linie achten (Vorsicht bei Herdenschutzhunderassen!)

278. Sich wälzen in Kot – Richtig reagieren: **Was muss ich tun, wenn sich mein Hund in Kot wälzt?**

?

Hat sich der Vierbeiner bereits im Kot gewälzt, bleibt Ihnen nichts anderes übrig als ihn zu säubern. Verzichten Sie allerdings auf allzu blumige Düfte im Shampoo, da der geschrubbte Hund dann umso mehr diesen für ihn inakzeptablen synthetischen Duft mit neuerlichem Wälzen in Kot beantworten wird. Strafen und Beschimpfen des Tiers hilft ebenso wenig wie eine versuchte Ablenkung per Rückruf. Dieses Einduften ist selbstbelohnend! Einzig möglich ist es, den Hund noch im Moment der Geruchsprobe anzuleinen, ein Ersatzverhalten von ihm zu verlangen und dieses dermaßen überschwänglich und ausgiebig mit besonderen Leckereien zu belohnen, dass er möglicherweise bei vielen Wiederholungen irgendwann beim Anblick einer »Stinkbombe« freudig und in Erwartung eines Sonderleckerchens zu Ihnen läuft. Da das Wälzen in Kot und Aas nur für uns unerwünschtes Verhalten ist, wird es häufig bei dem Versuch bleiben, dem Hund die Lust daran auf Dauer zu nehmen.

279. Sofa verteidigen – Richtig reagieren: **Wie kann ich verhindern, dass mein Hund seinen Platz auf dem Sofa verteidigt?**

?

Zunächst müssen Sie das Drohverhalten Ihres Hunds als letzte Warnung ernst nehmen und jegliche direkte Konfrontation mit ihm vermeiden. Das bedeutet, dass Sie den Hund weder strafen, noch versuchen, ihn vom Sofa herunterzulocken. Hingehen oder Anfassen wird er als Bedrohung empfinden und möglicherweise nach Ihnen schnappen. Am besten entfernen Sie sich langsam vom Hund und ignorieren ihn.
Um eine ähnliche Situation zu vermeiden, sollten Sie
➤ den Hund auf unterster sozialer Stufe in der Rangordnung einweisen (→ Frage 135).

- ihm ab sofort einen einzigen Schlafplatz zu ebener Erde in einem abgelegenen Terrain (nicht Schlafzimmer, Bett, Küche oder Flur, Wohnzimmer, Couch und nicht in strategisch günstiger Lage) zuweisen.
- dem Hund für einige Wochen den Zutritt zu dem Raum, in dem der Zwischenfall passierte, verweigern.
- bei Ihrer Abwesenheit dieses Zimmer verschlossen halten bzw. die Couch durch Gegenstände so verbarrikadieren, dass der Hund dort nicht liegen kann.
- den Hund, wenn Sie ihn auf erhöhten Plätzen oder in unerwünschten Territorien erwischen, ablenken und weglocken und dann die Plätze blockieren oder sich selbst demonstrativ auf diese setzen.

280. Sofa verteidigen – Ursachen: Mein Hund liegt auf dem Sofa und fletscht knurrend die Zähne. Warum macht er das? ?

In diesem Fall stimmt die Rangordnung nicht im Rudel »Familie«. Erhöhte Plätze gebühren nur dem Chef, und als dieser fühlt sich der Hund. Vermutlich haben Sie ihm in der Vergangenheit zu viele Freiheiten gelassen (→ auch Frage 135).

281. Spielbeißen – Ursachen: Man liest immer wieder, dass selbst friedliche Hunde beim Spielen beißen. Wie wird aus Spiel Ernst? ?

Meist liegt dies daran, dass um ein Spielzeug gerungen

Provokantes Zeigen einer Spielbeute soll den Sozialpartner zum Nachjagen animieren – nach dem Motto: »Fang mich doch!«

wird, ohne vorher die Beißhemmung zu üben. Die Welpengeschwister praktizieren sie untereinander. Doch kaum sind sie in der Familie, wird darauf oft kein Wert mehr gelegt. Zudem führen Zerr- und Reißspiele zum Nachschnappen, wenn Sie dem Hund kein Ausgebekommando (»Aus«) beigebracht haben. Ist die Rangordnung unklar, kann der spielerische Streit um die »Ressource« Spielzeug vom Hund als Kräftemessen aufgefasst werden. Aus dem zunächst »sportlichen« Wettkampf und Spiel wird urplötzlich Ernst! Der Hund meldet nachdrücklich Besitzansprüche an.

282. Spielbeißen – Vorbeugen: Wie kann ich verhindern, dass mein Hund während des Spiels in meinen Arm beißt? ?

Kleidung und menschliche Haut sollten für Hundezähne tabu sein, selbst wenn der Hund »nur« spielerisch zerrt und reißt. Sie können Ihrem Hund dies abgewöhnen, indem Sie nach Welpenmanier bei Kontakt mit seinen Zähnen laut aufschreien, sich wegdrehen und den Hund ignorieren.

283. Spielverhalten – Unterschiede: Wir haben einen neuen Hund. Im Vergleich zum vorherigen spielt er weniger. Woran kann das liegen? ?

Das kann zwei Gründe haben:

➤ Vielleicht fühlt sich Ihr Hund noch nicht so wohl bei Ihnen. Oder er hat Angst, ist unsicher oder krank. Dann fehlt ihm die Energie für das Spielen. Sobald ein Hund nicht mehr spielt, ist seine Befindlichkeit stark gestört, er leidet.

➤ Der neue Hund ist einer anderen Rasse als Ihr »alter« Hund zugehörig. Bezüglich Spielverhalten gibt es innerhalb der Rassen und Linien große Unterschiede. So gelten Labrador und Golden Retriever allgemein als wesentlich spielfreudiger als die vornehmlich selbstständig agierenden wolfsähnlichen Rassen wie Schlittenhunde (Husky, Malamute) oder Herdenschutzhunde (Kuvasz, Komondor, → Seite 247).

284. Streunen – Richtig reagieren: Wie kann ich verhindern, dass mein Hund streunt? ?

Ist das Streunen eindeutig sexuell motiviert, dann kann sich dieses Verhalten über eine Kastration verbessern, oder es tritt in bis zu 60 Prozent der Fälle gar nicht mehr auf (→ Info, Seite 223). Allerdings sollte der Tierarzt vor einer chirurgischen Kastration die Wirksamkeit über eine »chemische« Kastration vortesten, um mögliche Nachteile zu vermeiden. Hunde, die bereits vor der Kastration erfolgreich gestreunt und dies als positiv abgespeichert haben, werden auch nach dem operativen Eingriff streunen.
Bei vermuteter Langeweile sollten Sie die Anzahl der Gassigänge erhöhen und den Aufenthaltsort über angebotene Futtersuchspiele (Futterwürfel) interessanter gestalten. Um weitere Ausbrechversuche zu verhindern, erhöhen Sie den Zaun so, dass ihn der Hund nicht mehr überspringen kann.

285. Streunen – Ursachen: Warum streunt mein Hund? ?

Streunen kann hormonelle Ursachen haben und damit sexuell motiviert sein, wenn es in der Nachbarschaft mehrere läufige Hündinnen gibt bzw. wenn Ihre Hündin läufig ist und nach einem Rüden sucht. Hunde streunen jedoch auch bei Langeweile und Unterbeschäftigung oder wenn sie ohne Gassigänge und Freilauf ausschließlich auf dem eigenen Grundstück gehalten werden. Hat der Vierbeiner einmal die Erfahrung gemacht, dass die Ausbrüche abwechslungsreiche Ausflüge zur Folge haben, wird er fortan jede Gelegenheit nutzen, um die Freiheit zu genießen.

286. Tadeln – Pfütze auf Teppich: Weshalb macht meine sonst stubenreine Hündin eine Pfütze auf den Teppich, nachdem ich mit ihr schimpfen musste? Kann das Schimpfen der Grund dafür sein?

?

Ja, denn nicht nur Schläge, sondern auch die Anwendung von lautstarkem Schimpfen durch den Besitzer kann bei Hunden extreme Ängste auslösen, in deren Folge es zu einer spontanen Kot- oder Urinabgabe kommt. Das Verhalten ist also der Versuch, den Stress zu kompensieren (→ auch Frage 290). Haben Sie Ihren Hund durch Ihr Handeln derart geängstigt und so zur Unsauberkeit genötigt, wäre es wichtig, von weiteren Strafmaßnahmen und Stressoren auch für die Zukunft Abstand zu nehmen, um das Besitzer-Hund-Verhältnis nicht für lange Zeit zu gefährden.

287. Teppich zerbeißen: Mein Rüde zerkratzt besonders am Abend vor dem Schlafen den Teppich. Wie kann ich ihm das abgewöhnen?

?

Es ist ein völlig normales Verhalten, wenn ein Hund vor dem Hinlegen auf dem Boden scharrt oder gräbt (→ Frage 153). Wölfe schaffen sich so eine heimelige Kuhle als Ruhelager.

Verständlicherweise liegt Ihnen viel daran, das Graben auf dem Teppich zu unterbinden. Aber bitte nicht nur durch Verbote, sonst kann der Hund das sinnlose Graben beispielsweise auf Zerstören von Haushaltsgegenständen wie Schuhe, Kleidung oder Post umlenken. Er bewahrt sich selbst vor der stereotypen »Macke« des sinnlosen Grabens und findet einen Ausweg im zerstörerischen Handeln (→ auch Tabelle, Seite 232/233). Besser ist es, ihm einen Schlafplatz zu ebener Erde mit Grabematerialien (Decken) bereitzustellen. Hat der Hund dieses Nachtlager angenommen, wird er ab sofort dort und nicht mehr auf dem Teppich vor dem Hinlegen im Kreis treten und scharren.

STEREOTYPIEN –

Stereotypien sind gleichförmige und immer wiederkehrende Verhaltensweisen ohne erkennbares Ziel, die je nach Stadium

Stadien einer Stereotypie am Beispiel der Sozialisolation:

➤ Phase 1: Der Hund wird getrennt vom Rudel »Familie« gehalten. Dadurch erleidet er Stress und Langeweile. Zunächst versucht er, den Anschluss an das Rudel herbeizuheulen, oder er bricht aus, um den artgemäßen Anschluss zu erreichen.

➤ Phase 2: Zwangsläufig erfolglos, steigert sich seine Erregung ins Unermessliche. Aus lauter Verzweiflung benagt er irgendwann wie zufällig seine Pfoten. Dabei bemerkt er, dass er damit zwar nicht den Anschluss schafft, dass jedoch sein Stresslevel sinkt. Er lernt fatalerweise, dass er über dieses gleichförmige und eigentlich sinnfreie und erfolglose Handeln eine Ersatzbefriedigung erfährt, die ihm zunehmend das Gefühl von Sicherheit und Geborgenheit gibt. Das Gehirn entsendet »Glückshormone« in die Blutbahn, die süchtig machen.

➤ Phase 3: Dieses stereotype Verhalten tritt im weiteren Verlauf selbst dann auf, wenn der Hund nicht mehr isoliert ist. Durch die Aufmerksamkeit des Besitzers wegen der Wunden wird der Hund in seinem Lecken und Kratzen bestätigt. Selbst wenn der Hund durch mechanische Hilfsmittel vom zwanghaften Zerstören seiner Haut abgehalten wird, bleibt der Stress und das Bestreben, diesen abzubauen – möglicherweise durch andere stereotype Verhaltensweisen wie Kreiseln oder Manegebewegungen, oder der Hund wird aggressiv.

Häufige Ursachen für Stereotypien:

- ➤ Keine artgerechte Einbindung in das Rudel »Familie« (Isolationshaltung)
- ➤ Fehlende »Hausordnung«
- ➤ Reizarme Umgebung im Welpenalter (→ Fragen 18, 21)
- ➤ Inkonsequenter, uneinheitlicher und launischer Umgang mit dem Hund durch zu viel oder zu wenig Beachtung
- ➤ Fehlende oder unzureichende Frustrationstoleranz (→ Seite 246)
- ➤ Verlust oder Ankunft eines tierischen oder menschlichen Rudelmitglieds

URSACHEN UND VORBEUGUNG

der Erkrankung mehr oder weniger stark die normalen Verhaltensweisen des Tiers beeinträchtigen bzw. unterdrücken.

- Reizarmut (strukturarme und immer gleiche Auslaufflächen)
- Langeweile, geistige und körperliche Unterforderung
- Falscher Trainingsansatz: Di-Stress, Strafe, Strafandrohung und Überforderung
- Ungewollte Belohnung des Verhaltens (Versuch der Ablenkung durch Streicheln, Anfassen, Zureden oder auch durch versuchte Unterbrechung mittels »Aus« oder »Nein«)
- Häufige und unter Umständen stetig wiederkehrende Konfliktsituationen (innerfamiliäre Aggression)
- Einschränkung der Bewegungsfreiheit durch permanente Leinen- und Grundstückshaltung
- Mangel an Rückzugs- und Entspannungsmöglichkeiten

Wie kann man vorbeugen?

- Hinreichende Sozialisation und Gewöhnung an die Umwelt in der Welpenphase
- Stressabbau (Rennspiele etc.) und Entspannungsübungen
- Rückzug und Entspannung ermöglichen
- Keine Begrüßung und Verabschiedung
- Richtig Ignorieren beim Anspringen und Aufmerksamkeit erheischenden Verhalten (→ Frage 163)
- Den Hund allmählich immer weniger beachten; abrupten Wechsel von Aktivität zur Ruhe bzw. zum Ignorieren und umgekehrt vermeiden
- Optimierung des Lebensumfelds (Freilauf in Kombination mit Rückruftraining, Spiele zur Selbstbeschäftigung und mit dem Besitzer, ausreichend Abwechslung und Beschäftigung, keine Isolationshaltung, Vermeiden plötzlicher Situationsänderungen, wenn der Hund diese bisher nicht kannte, ausreichende Sozialkontakte ermöglichen)
- Im Umgang mit dem Hund Verzicht auf Strafe und Strafandrohung, Einsatz von Deeskalations- und Beschwichtigungsgesten, Einführung bzw. Durchsetzung von Hausordnungsprinzipien etc.

288. Trennungsangst – Anderer Hund: Mein Hund leidet unter Trennungsangst. Hilft es, wenn ich während meiner Abwesenheit den Hund eines Bekannten bei ihm lasse, damit er sich nicht so verlassen fühlt?

?

Diese Art des »Dogsittings« kann als vorübergehende Überbrückung, bis die Therapie weiter fortgeschritten ist, ab und an erfolgreich sein. Oft ist es jedoch so, dass dann beide Hunde im Duett winseln, weil sich der latent trennungsängstliche Partnerhund, der für sich selbst den Stress des Alleinbleibens relativ problemlos bewältigt, möglicherweise nach wenigen Stunden und Tagen vom permanent panisch reagierenden Trennungsangstpatienten beeinflussen lässt. Dogsitting ist also keine Garantie für angstfreies Alleinbleiben.

289. Trennungsangst – Richtig reagieren: Wie reagiere ich richtig, wenn mein Hund unter Trennungsangst leidet?

?

Trennungsängstliche Tiere können nicht ohne Stress allein bleiben. Sie reagieren panisch. Den Hund für dieses Verhalten zu bestrafen, verstärkt seine Angst bzw. lenkt sie auf den wiederkehrenden Besitzer um. Stattdessen müssen Sie dem Tier, auch aus tierschutzrechtlichen Gründen, aus dieser Leidenssituation schnellstmöglich heraushelfen.
Als erste Maßnahme sollten Sie einen Platz für den Hund wählen, der weit entfernt von der Eingangstür liegt, damit er nicht permanent den Eingangsbereich beobachten kann. Auf diesem Platz trainieren Sie »Bleib«-Übungen, die Sie mit Ruhe und Gemütlichkeit ausstrahlender Geräuschkulisse wie Musik (Klassik) als Entspannungsübung kombinieren. Zudem sollten Sie diesen Platz besonders attraktiv gestalten, indem Sie dem Hund nur dort Futter, Spielsachen und Aufmerksamkeit geben. Wenn Sie dann später einmal ohne Hund weggehen, lassen Sie diese gewohnte (und

TRENNUNGSANGST

Darunter versteht man ein klinisches Syndrom, welches durch die Isolierung des Hunds vom Sozialpartner Mensch entsteht. Diese Angst vor dem Alleinsein (auch häufig in Verbindung mit der Angst vor Geräuschen) kann sich in eine Panik steigern.

Symptome: Trennungsängstliche Hunde zeigen eine Kombination aus unerwünschten Verhaltensweisen wie

- Übermäßiges »Rufen« nach dem Besitzer (Bellen, Winseln, Heulen)
- Zerstörung von Wohnungseinrichtungen
- Selbstzerstörung (Automutilation, → Frage 293)
- Medizinisch relevante Symptome wie Steigerung der Herzschlagfrequenz, vermehrter Speichelfluss, unkontrollierter Harn- und Kotabsatz, Erbrechen
- Erhöhte oder erniedrigte Bewegungsintensionen von apathischem Liegen bis hin zu ruhelosem Umherlaufen und Springen auf Möbel oder gegen Türen und Fenster
- Futterverweigerung

Ursachen:

- Unzureichende Erfahrung mit dem Alleinsein vom Welpenalter an
- Negative Schlüsselerlebnisse beim Alleinsein (ausgesetzte, angebundene oder permanent im Zwinger gehaltene Hunde)
- Falsches Belohnen und Bestätigen der Angst durch den Besitzer, indem dieser, kaum dass der Hund hinter der Tür mit dem Winseln beginnt, sofort zurückkommt und den »Angsthasen« mit tröstenden Worten und Streicheleinheiten beruhigen möchte
- Viel zu enge Besitzer-Hund-Bindung, indem dem Hund durch Verabschiedungs- und Begrüßungsrituale das Alleinbleiben besonders bewusst gemacht wird und so die Angst verstärkt wird

Angst und Übelkeit im eigenen Auto übertragen sich leicht auch auf andere Fahrzeuge, selbst auf geparkte.

möglicherweise vom Hund »geliebte«) Musik erklingen, die dieser mit Entspannung assoziiert (Prinzip der Gegenkonditionierung). Die übrige Zeit wird der Patient ignoriert, auch wenn Sie im selben Raum sind. Des Weiteren sollten Sie

➤ auf jegliche Begrüßungs- und Verabschiedungsrituale verzichten, um so den Unterschied zwischen Ihrer An- und Abwesenheit so gering wie möglich zu halten. Praktisch heißt dies, den Hund bereits eine halbe Stunde vor der Trennung und nach Ihrer Rückkehr nicht zu beachten.

➤ eine »Verschleierungstaktik« anwenden (Mantel erst im Treppenhaus anziehen, sich anziehen und plötzlich nach Minuten wiederkommen), um das trennungsängstliche Tier zu verwirren und bestimmte trennungsauslösende Faktoren vom eigentlichen Vorgang des Weggangs zu entkoppeln.

➤ dem Hund Ignorieren auf Signal beibringen (→ Info, Seite 136).

➤ den Hund nur so lange allein lassen, wie er dies stressfrei gelernt hat.

290. Trennungsangst – Urinabsatz: Warum reagiert mein größtenteils stubenreiner Rüde bei unserer Abwesenheit mit Unsauberkeit?

Werden Hunde ausschließlich unsauber, sobald sie allein gelassen werden, so liegt zumeist eine psychische Erkrankung vor, die als Trennungs- bzw. Separationsangst bezeichnet wird (→ Tabelle, Seite 235). Der Hund versucht dann während des Alleinseins über verschiedenste Mechanismen Stress abzubauen, unter anderem, indem der Körper über einen unkontrollierbaren Kot- und Urinabsatz »Ballast« abwirft, um Energie für andere Alarmreaktionen des Körpers zu bündeln. Das bedeutet, dass sich der vor dem Alleinsein ängstigende Hund nicht aus »Trotz« oder »Rache« seiner Exkremente entledigt.

291. Übelkeit im Auto – Folgen: Meinem Hund wird beim Autofahren regelmäßig übel. Seit Neuestem hat er Angst vor parkenden Autos. Gibt es einen Zusammenhang? ?

Nicht jeder Hund fährt automatisch gern im Auto mit. Besonders Tiere, die nicht von klein auf stressfrei das Mitfahren im Fahrzeug erlernen konnten, entwickeln häufig Ängste bzw. Unruhe im Auto. Viele Tiere und Menschen reagieren auf jegliche Art von Schaukelbewegungen mit Übelkeit und Erbrechen, insbesondere, wenn der Magen gefüllt ist. Hat ein Hund im schaukelnden Auto diese Angsterfahrungen einige Male hintereinander machen müssen, wird allein das Auto zum negativen Stimulus. Der Hund hat nachfolgend bereits Angst, bzw. ihm wird übel, wenn er ein Fahrzeug erblickt, und er verweigert das Mitfahren bzw. den Gang dahin, noch ehe die Schaukelbewegungen für ihn einsetzen. Heimtückisch an diesem Lernverhalten ist die Neigung zur Generalisation. Ein Hund, der Angst vor dem Fahren im »eigenen« Auto hat, fährt häufig auch in fremden Fahrzeugen nicht mit bzw. geht nicht weiter, sobald er parkende Autos sieht!

292. Übertriebene Kontaktaufnahme – Kind: Meine Hündin leckt meinem Säugling über das Gesicht. Muss ich das verhindern? ?

Ja, denn dies kann eine Art »übertriebene Welpenpflege am falschen Subjekt« – hier am Kleinkind – sein

und somit ein besonderes Problemverhalten. Dabei werden die Babys durch den Hund überbehütet und vor Fremden oder auch vor den eigenen Rudelmitgliedern verteidigt. Besonders gefährlich wird das Verhalten, wenn der Hund das Kleinkind »über alle Maßen liebt«, ständig den Kontakt zum »Quasi-Welpen« sucht, es im Wechsel zwischen unterwürfigen (Belecken, Pföteln) und dominanten Gesten (»zärtlicher Nackenbiss«, Ziehen an Kleidung und Gliedmaßen, Mitnahme des Kindes in den Hundekorb etc.) permanent bedrängt.
Da die Eltern ihren Kindern keine höhere Rangordnung zuweisen können, sollten sie generell ihre Kinder, insbesondere Kleinkinder und Babys, nie unbeaufsichtigt mit dem Hund allein lassen! Auch ist die Hündin von der eingebildeten »Mutterrolle« zu befreien. Sie soll das Baby nicht mehr stürmisch belecken, sondern wird für ein entspanntes und unaufgeregtes Liegen in einer gewissen Entfernung vom Kind im Hundekorb belohnt.

293. Übertriebenes Pfotenlecken – Ursachen: **Mein Hund leckt sich andauernd die Pfoten, und dies oft über Stunden. Wie reagiere ich richtig darauf?**

?

Hunde putzen, lecken und kratzen ihr Fell und zeigen damit völlig normales Verhalten. Doch daraus kann sich auch eine echte Verhaltensstörung als Stereotypie entwickeln, in deren Folge sich die Hunde tiefe Wunden zufügen (→ Info rechts). Werden die Hunde durch den Besitzer durch Festhalten oder Ansprechen unterbrochen, so belecken sie die menschliche Hand oder erreichbare Gegenstände, wie Decken und Tücher. Die Hunde scheinen ein nicht ausreichend gestilltes Saugbedürfnis zu besitzen und sind in der Tat meist zu früh von der Mutter getrennt von Hand aufgezogen worden. Die ersten Leckattacken sind jedoch nicht vor dem Erreichen der Pubertät zu beobachten.

Diese Selbstzerstörung kann vielfältige Ursachen haben. Sie kann Folge

- einer nicht oder zu spät diagnostizierten Erkrankung (neurologisch, traumatisch, parasitär), wie etwa eines übersehenen Flohbefalls, sein.
- einer nicht artgerechten Isolationshaltung und ungünstiger Trainingsmethoden (Strafe) sein, wodurch der Hund nicht lernen kann, stressfrei auf normale Alltagskatastrophen zu reagieren.
- von Langeweile und nicht adäquater Beschäftigung sein (→ Frage 294).
- einmaliger traumatischer Schreckerlebnisse oder besonderer Konfliktsituationen (wie Alleinbleiben bei Trennungsangst, → Tabelle, Seite 235) sein, in denen der Hund kein normales Verhalten zeigen konnte.

294. Unausgelasteter Hund – Vorbeugen: Wie kann ich verhindern, dass mein Hund nicht ausgelastet ist?

Jeder Hund möchte sich je nach Alter, Rasse (Linie) und Nutzung mehr oder weniger gern frei bewegen, weshalb er täglichen Freilauf außerhalb des eigenen Grundstücks in unterschiedlichen Gebieten (Abwechslung) haben sollte. Dabei ist es wichtig, dass er

INFO

Übertriebene Fellpflege als Suchtverhalten
Die Hunde lecken, nuckeln und saugen an allen erreichbaren Körperregionen und dehnen diese »Putzaktionen« zeitlich immer mehr aus. Im Lauf der Zeit entwickeln sich neben Haarverlust und Hautentzündungen auch offene Wunden. Durch das Beknabbern der Pfoten oder Saugen an den Flanken lernen die Hunde Stress abzubauen. Sie fühlen sich wohler, weil ihr Gehirn gleichzeitig Glückshormone freisetzt. Daraus kann sich ein unstillbares Suchtverhalten entwickeln.

seine Umgebung mit allen Sinnen erkunden kann (→ Frage 6, 161). Achten Sie außerdem darauf, dass er regelmäßig Kontakte zu Sozialpartnern (fremde Menschen, Artgenossen) hat und dass Sie ihn artgemäß und adäquat beschäftigen, ohne ihn zu über- oder unterfordern. Durch Partner- und Geschicklichkeitsspiele, solitäre Jagd-, Such-, Wurf- und Apportierspiele, kurz andauernde Übungen (Kommandotraining) in Verbindung mit Futtererarbeitung sowie das Arbeiten an selbst gelegten Fährten können Sie im Wechsel mit ruhigen Erkundungs- und Markierungsphasen in der Umgebung und zwischengeschaltete Pausen zum Ruhen und Lagern den Freilauf optimieren. In freien Sozialkontakten zu Artgenossen und Menschen lassen sich Sozial- und Rennspiele initiieren. So bleiben Hunde körperlich und geistig fit!

295. Urintröpfeln – Junger Hund: Mein einjähriger Rüde verliert beim Kontakt mit anderen Rüden oder bei eintreffendem Besuch häufig etwas Urin. Wie verhalte ich mich am besten? ?

Hierbei handelt es sich um eine besondere Form der Unsauberkeitsproblematik – dem Erregungs- bzw. Unterwürfigkeitsurinieren (→ Info rechts).
Dieses Verhalten darf nie bestraft, sondern muss ignoriert werden. Strafe verstärkt das Urinieren, indem das Tier noch deutlichere Zeichen der Beschwichtigung und Unterwürfigkeit zeigen will. Der Hund befindet sich in einem Teufelskreis. Er versucht einerseits über ein noch früheres Urinieren, seine Unterlegenheit zu demonstrieren, um einer weiteren Eskalation vorzubeugen. Andererseits lernt der Hund, dass ein Urinieren dem Stressabbau dient, und er wird dies bei ähnlichen Gelegenheiten erneut anwenden.
Sie reagieren richtig, wenn

- Sie eine potenziell bedrohliche Mimik, Gestik und Körperhaltung vermeiden, indem Sie sich hinhocken, den Blick abwenden und dann den Hund ansprechen.

➤ Sie als Besitzer oder Besucher schon vor Öffnen der Tür in die Hocke gehen und den Hund heranlaufen lassen, sich beim Hochspringen wegdrehen und das Tier ignorieren (→ Frage 163).
➤ Sie sofort nach dem Öffnen der Tür mit dem Hund zum gewünschten Ausscheidungsort (Wiese) gehen und dort den Urinabsatz ausgiebig belohnen.
➤ Sie ein alternatives Spiel bei der Begrüßung machen, wie Apportieren von Socken, oder ein Kommando fordern und belohnen.
➤ Sie auf jegliche übertriebene Begrüßungszeremonien verzichten, um den allgemeinen Erregungslevel insbesondere beim Welpen zu senken!

296. Verlust der Stubenreinheit – Alter Hund: ?

Weshalb kommt es im Alter häufig zum Verlust der Stubenreinheit?

Hierbei könnte es sich um eine hormonell bedingte Schließmuskelschwäche älterer Hündinnen handeln, die sich entweder altersgemäß bzw. als Spätfolge einer Kastration entwickeln kann. Speziell bei sehr alten Hunden können Unsauberkeiten auf Alters- und Demenzerscheinungen (→ Frage 230) hinweisen. Insbesondere älteren Hunden scheint der Verlust der

INFO

Submissives oder unterwürfiges Urinieren
Das sogenannte Erregungs- bzw. Unterwürfigkeitsurinieren ist eine besondere Form des Harnabsatzes. Viele Welpen, aber auch einige erwachsene Hunde zeigen in verschiedenen Situationen dieses Harnträufeln gegenüber dem Besitzer oder bei eintreffendem Besuch. Das Verhalten kann während einer Begegnung mit einem Sozialpartner Ausdruck eines passiven Demutsverhaltens (→ Tabelle, Seite 80) oder von Angst sein oder – völlig gegenteilig – Freude und Aufregung bedeuten.

Stubenreinheit sehr unangenehm zu sein. Sie werden ähnlich wie Welpen wieder zu »Pflegefällen«. Ist das der Fall, sollten Sie den Hund ähnlich wie beim Sauberkeitstraining von Welpen alle zwei bis drei Stunden sowie sofort nach dem Erwachen, nach dem Fressen und Trinken Gassi führen. Auch ist es wichtig, darauf zu achten, wie der alte Hund auf sein dringendes Bedürfnis hinweist. Hierbei kann sich die Art, wie sich der Hund bemerkbar macht, ändern (von »bellend an die Tür laufen« zu »stumm auf die Tür blicken«).
Zu weiteren Ursachen → Tabelle rechts.

297. Welpen töten – Ursachen: Was muss passiert sein, dass eine Hündin ihre Welpen tötet und frisst? ?

Biologisch durchaus sinnvoll und normal ist es, anomale, kranke und lebensschwache Nachkommen unmittelbar nach der Geburt zu töten. Ist die Hündin während der Geburt überdies durch Mangelernährung extrem gestresst, so kann dies ebenso Ursache für die Entgleisung sein. Das Töten und Fressen der eigenen gesunden Welpen muss jedoch als krankhaft kannibalisches Verhalten und echte Verhaltensstörung eingeschätzt werden! Oberste Priorität hat in diesem Fall das Überleben der Welpen, indem Sie diese sofort vom Muttertier trennen müssen. Zudem sollte die Hündin von der Zucht ausgeschlossen werden.

298. Welpen wund lecken – Richtig reagieren: Wie kann ich verhindern, dass meine Hündin ihre Welpen wund leckt? ?

Hundemütter verstehen oft keinen Spaß, wenn es um ihre Babys geht, und knurren oder drohen schon einmal aus dem Welpennest heraus, damit niemand den Welpen zu nahekommt. Dies ist normales Hundeverhalten, so lange es sich in Grenzen hält. Übermäßige

GRÜNDE FÜR UNSAUBERKEIT

Die Ursachen für Unsauberkeit sind sehr vielschichtig, wobei die Schuld daran nie den Hunden zugeordnet werden kann!

- Die Schließmuskeln von Darm und Blase sind bei jungen Individuen, egal ob Hund oder Mensch, noch nicht voll funktionsfähig.
- Der Welpe hat nicht gelernt zu »melden«, dass er muss.
- Der Hund konnte nicht lernen, stressfrei allein zu bleiben, er hat Angst (Trennungsangst, Geräuschangst, Angst vor Personen, Artgenossen). Durch den Stress kommt es als Notanpassung zu einem Kontrollverlust des Schließmuskels und zu einer spontanen Kot- oder Urinabgabe.
- Der Hund ist krank (Blasenentzündung, Verletzung, Missbildung, Schließmuskelschwäche kastrierter Hündinnen etc.). Die Beschwerden sollten von einem Tierarzt genauestens abgeklärt und behandelt werden.
- Der Hund hatte keine Möglichkeit, sich zu lösen, weil er zu lange allein war oder die Abstände zwischen den Gassigängen zu lange dauern.
- Der Hund wurde im Welpenalter auf den Ort der Wohnung in Verbindung mit angebotenen Zeitungen als Löseplatz fehlkonditioniert.
- Der unsaubere Hund wurde bestraft. Dies führt zur Verstärkung der allgemeinen Stresssituation, zur Blockierung des Ausscheidungsverhaltens mit anschließendem Spontanabsatz von großen Urinmengen in der Wohnung.
- Sie führen Ihren Hund in Gebieten aus, in denen die Territorien durch viele Hunde überlastet sind. Dort lösen sich Welpen und kleinere Hunde aus Angst vor den Markierungen größerer und älterer Artgenossen nicht im Freien.
- Ihr Hund möchte so Ihre Aufmerksamkeit bekommen.
- Altersbedingter Verlust der Stubenreinheit (→ Frage 296)

Welpenpflege durch übertriebenes Lecken kann jedoch eine Wundinfektion zur Folge haben. Dann müssen Sie vorübergehend die Welpen per Hand aufziehen, um diese einige Tage später erneut der Mutterhündin anzubieten. Sollte die Hündin eine unerfahrene Erstgebärende sein, die selbst mit der Flasche großgezogen wurde, können Sie die Hilfe einer Hundeamme in Erwägung ziehen, die für Bauchmassage und optimale Pflege der Welpen sorgt. Zudem sollte die Hündin von der Zucht ausgeschlossen werden.

299. Zerren – Ursachen: Mein Hund zerrt ständig an der Leine. Warum macht er das?

Die Ursachen für dieses Verhalten sind vielfältig. Der Hund kann aus den verschiedensten Gründen Angst haben und möchte durch Zerren der empfundenen Gefahr entkommen. Zerren kann auch beginnendes Jagdverhalten (Boden-Witterung, → Info, Seite 135) bedeuten, oder der Hund befindet sich in einer allgemein erhöhten Erregungslage, weil er ausgesprochen interessante Gerüche aufgenommen hat.
Verständlicherweise empfinden wir dieses Ziehen in die Leine prinzipiell als störend. Als Hilfsmittel gegen Zerren eignen sich Kopfhalfter (→ Info rechts).

300. Zerstörungswut nach Fressen: Gibt es eine Erklärung dafür, dass meine Hunde immer nach dem Fressen überaktiv sind und sich Post, Zeitungen oder sonstiges Papier suchen, um es anschließend zu zerfetzen?

Räumt der Hund den Papierkorb unmittelbar nach der Fütterung aus, dann scheint er ein »nachträgliches Futtersuchverhalten« zu zeigen, da ihm der Nahrungserwerb durch den lediglich hingestellten gefüllten Futternapf zu einfach gemacht wurde. Hunde haben nämlich ein angeborenes Bedürfnis, Futter bzw. Nahrung zu suchen bzw. zu jagen, das es zu befriedigen gilt (→ Frage 202). Oft baut der Hund mit diesem Verhalten Stress ab, oder er erlangt damit die Aufmerksamkeit seines Besitzers.

Das Zerstören von Post oder anderen Dingen im Haushalt kann aber auch umgerichtetes (Jagd-)Verhalten sein, um Langeweile abzubauen. Meist verstärken die Hundebesitzer dieses Verhalten ungewollt, indem sie darauf durch gutes Zureden oder Schimpfen reagieren. Dies führt zur weiteren Etablierung des stereotypen Suchtverhaltens. Aus diesem Teufelskreis kann den Hund nur eine Verhaltenstherapie befreien.

KOPFHALFTER ALS HILFE GEGEN ZERREN AN DER LEINE

Ein Hundehalfter kann die Leinenführigkeit kurzzeitig verbessern, jedoch ist der Einsatz nicht ohne Risiko!

Beim Kopfhalfter setzt die Leine nicht am Hals, sondern an der Schnauze des Tiers an, wobei sich der Hund durch die Vorwärtsbewegung selbst korrigiert. Der Hundeführer muss nur kommentarlos stehen bleiben und das Leinenende festhalten. Dadurch wird der Kopf des Hunds zur Seite bewegt, der Hund bleibt durch den veränderten Blickwinkel verunsichert stehen.

Formen des Kopfhalfters:

- Beim Halti® sitzt die Schlaufe locker um den Fang und drückt erst auf die Schnauze, wenn sich die Leine strafft; geringer Kraftaufwand; gut geeignet bei schweren Hunden. Nachteil: Unter Umständen kann es verrutschen und bei extremem Zug Schmerzen bereiten.
- Das Gentle Leader® liegt eng an; es funktioniert nicht auf Zug und bereitet dem Hund auch bei schnellen Bewegungen keine Schmerzen.

Voraussetzungen für den Einsatz:

- Der Hund muss an das Tragen allmählich gewöhnt werden.
- Das Halfter muss stets in Kombination mit einem Halsband angelegt werden (vermindert die Kraft beim Hineinziehen).
- Das Halfter sollte nur nach genauer Abwägung und zeitlich begrenzt eingesetzt werden.

Fachbegriffe von A bis Z

➤ Ambivalentes Verhalten
Ambivalenz beschreibt die Konfliktsituation eines Tiers, in der es versucht, zwei gegensätzliche Verhaltensweisen (Annäherung und Flucht) gleichzeitig oder in schneller Folge zu zeigen.

➤ Angst
Angst lässt sich als eine innere und äußere Stressreaktion des Körpers auf eine objektiv vorhandene oder subjektiv empfundene Bedrohung charakterisieren. Sie gilt als ein wesentlicher angeborener Schutzmechanismus.

➤ Appetenzverhalten
Es beschreibt ein aktives und begieriges Suchen bzw. Streben nach einer bestimmten Reizsituation, wie etwa das Aufsuchen der Zitze durch die Motivation »Hunger« beim Welpen.

➤ Automutilation
Darunter versteht man die Selbstverstümmelung eines Individuums als Versuch, darüber Stress zu kompensieren. Die Tiere benagen Gliedmaßen, den Körper (besonders Bauch und Flanken) oder den Schwanz (akute Form), oder sie entwickeln einen stereotypen Leckzwang (chronische Form).

➤ Beißhemmung
Dosierter Einsatz der Zähne bei Hunden. Sie ist niemals angeboren, sondern muss gelernt werden.

➤ Cool-down-Phasen
Allmähliche Reduzierung der »Arbeit« am Ende jeder Arbeitseinheit über ein Abtrainieren, um stress- und frustrationsbedingte Ausfälle zu verhindern. Hunde sollten nach körperlicher und geistiger Belastung in ihrem Verhalten nicht sofort unterbrochen und zur Ruhe gezwungen werden.

➤ Flehmen
Intensives und aktives Riechen und »Einsaugen« von Geruchsinformationen mit geöffnetem Maul, hochgezogener Oberlippe und Zucken im Stirnbereich.

➤ Frustrationstoleranz
Sie beschreibt die Fähigkeit von Lebewesen, mit Frustration und dem Vorenthalten einer angestrebten Befriedigung (Grenzsetzung) angemessen umzugehen.

➤ Habituation
Gewöhnung an die belebte und unbelebte Umwelt. Durch wiederholtes Präsentieren eines als unbedeutend erlebten Reizes schwächt sich die Reaktion darauf allmählich ab.

➤ Herdenschutzhunde
Dazu zählen Hunderassen wie Kuvasz, Kangal oder Pyrenäen-Berghund. Sie ähneln in ihrem äußeren Erscheinungsbild häufig Schafen. Die Hunde wurden gezüchtet, um autonom, unabhängig und selbstständig zu agieren und um vertraut mit den zu bewachenden Herdentieren, den Schafen, zu sein. Die extreme Neigung und Bereitschaft zu territorialer Aggression gegenüber Artgenossen und Menschen ist damit genetisch tief verwurzelt. Eine Anpassung, ein Gehorsam oder sonstige Vorbereitungen auf ein integratives Leben im Sozialverband waren hingegen nicht vorgesehen.

➤ Hütehunde
Dazu zählen Hunderassen wie Border Collie, Australian Shepherd oder Harzer Fuchs. Sie sind auf das Hüten spezialisiert, indem sie Tiere auf Kommando zusammentreiben bzw. Einzeltiere der Herde separieren können. Nach vorheriger Ausbildung arbeiten sie zu großen Teilen selbstständig und hoch konzentriert. Als Familienhunde sind sie häufig nicht ausreichend körperlich und geistig ausgelastet. Sie suchen sich in der Folge nicht selten für den Menschen unerwünschte Ersatzarbeit und treiben Haustiere, Menschen oder Maschinen (Autos) zusammen. Außerdem reagieren sie extrem aufmerksam und sofort auf jegliche Art von schnellen Bewegungen.

➤ Komfortverhalten
Zum Komfortverhalten gehören Handlungen, die der eigenen Körperpflege (Putz- und Kratzbewegungen, sich schütteln, sich scheuern, sich wälzen), der sozialen Körperpflege (gegenseitiges Lecken) sowie der optimalen Versorgung des Körpers mit Sauerstoff (gähnen, sich strecken, sich räkeln) dienen. Diese führen dann im Allgemeinen zur Steigerung des persönlichen Wohlbefindens. Komfortable Verhaltensweisen können auch als eine Art Stressbewältigung fungieren, indem sich der Hund aktiv mit Alltagsdingen auseinandersetzt, die ihn stören.

➤ Kommunikation
Darunter versteht man allgemein eine wechselseitige Übertragung von Informationen als Dialog zwischen Sender und Empfänger. Durch das Aussenden von Signalen wird das jeweilige Verhalten des Empfängers beeinflusst, weil der Sender seine zu über-

tragenden Informationen dermaßen mit Inhalten belegt, dass er beim Adressaten eine beobachtbare Verhaltensänderung auslöst.

➤ Neugier
Die Neugier gilt als der »Motor« für Erkundungen, das heißt, sie stellt den Antrieb für ein selbstständiges Erkunden einer bisher völlig fremden Umgebung dar. Besonders Welpen und Jungtiere streifen voller Wissensdurst durch ihre belebte und unbelebte Umwelt. Aber auch ältere Tiere können, wenn sie ausreichend motiviert sind, neugierig aufs Leben bleiben. Neugier und Erkundung sind häufig ein Marker für Wohlbefinden bzw. ein geeignetes Mittel, um Unlustgefühle oder gar Depressionen aktiv zu vermeiden. So werden bewusst und vermehrt neue Reizsituationen aufgesucht und erkundet, um Langeweile, allgemein bestehenden Alltagsfrust oder einfach Stress abzubauen bzw. zu kompensieren.

➤ Obligat sozial
Als obligat sozial bezeichnet man Individuen, die ein zwingendes Bedürfnis nach dem Zusammenleben vor allem mit Mitgliedern der eigenen Art oder mit ebenso sozial lebenden Wesen haben. Einzig Hunde haben neben ihren Artgenossen mittlerweile uns Menschen als Hauptsozialpartner akzeptiert.

➤ Phobie
Darunter versteht man eine Angst in gesteigerter Form. Der Hund ist oft nicht mehr in der Lage, sein Verhalten zu kontrollieren. Er reagiert dann meist mit starken Anzeichen von Erregung (Vokalisieren, Speicheln, Hecheln, Harn- und Kotabsatz, Erbrechen etc.), extremem Meideverhalten (Flucht, Ausbruchsversuche, Rückzug), wobei sein Gefühl der Angst entgleist und zu Panik führt.

➤ Phobophobie
Dies ist eine weitere Steigerung der Phobie (→ dort), die Angst vor der Angst.

➤ Piloerektion
Dabei können die Haare im Nacken-, Rücken- und Schwanzbereich blitzartig aufgerichtet werden. Dieses Fellsträuben als unwillkürliche Reaktion des Körpers auf Stress lässt Hunde größer und imponierender erscheinen.

➤ Ranz
So bezeichnet man die Paarungszeit bei Wölfen und Hunden. Es ist eine Periode der hormonellen Schwankungen, die beim Rüden wie bei

der Hündin bestimmte sexuelle Verhaltensweisen auslösen. Die Eizellen beginnen zu reifen (Vorranz) und werden schließlich befruchtungsfähig (Ranzzeit).

➤ Reflex
Ein Reflex besteht in einer über Nerven vermittelten, unwillkürlichen, raschen und gleichartigen Reaktion eines Organismus auf einen bestimmten Reiz. Man unterscheidet unbedingte und bedingte Reflexe. Unbedingte Reflexe sind zumeist angeboren oder bilden sich im Verlauf der Individualentwicklung aus. Typisch dafür ist, dass jedes Individuum einer Art mehr oder weniger identische Reaktionen und Reaktionsabläufe auf gleichartige Reizkonstellationen zeigt. Beispiele für den Hund wären der Lidschlussreflex oder der Saugreflex. Ein bedingter Reflex ist eine erlernte Reaktionsweise auf einen Reiz.

➤ Soziale Expansion
Dies ist das natürliche Bestreben eines jeden in sozialen Strukturen eingebundenen Lebewesens, zeitlebens in der Hierarchie aufsteigen zu wollen.

➤ Soziale Reife
Sozial reife Hunde sind im Besitz ihrer vollen sozialen Kompetenz, indem sie auch auf dem Gebiet des Sozialverhaltens mit der Fähigkeit des Lebens und der Integration in soziale Gruppen und Gemeinschaften zu erwachsenen Hunden werden. Das ist ab einem Alter von 18 bis 36 (48) Monaten der Fall.

➤ Sozialisolation
Werden obligat soziale Tiere (→ dort) wie Hunde permanent oder zeitweise ohne Anschluss an Rudelmitglieder (Menschen und/oder Artgenossen) gehalten (zum Beispiel Zwingerhaltung), so spricht man von isolierter Haltung oder Sozialisolation. Währt der Zustand der Trennung vom Rudel über einen längeren Zeitraum, führt dies unweigerlich zum Zustand des Leidens!

➤ Verhaltensketten
Verhaltensketten sind komplexe Handlungen bzw. Verhaltensabläufe, wobei mehrere Einzelelemente in einer bestimmten Reihenfolge aneinandergereiht (verkettet) werden. Die dafür häufig verwendete Trainingstechnik wird auch als Shaping (engl. to shape = formen) bezeichnet. Dabei werden zunächst kleinste Einzelhandlungen unabhängig voneinander geübt und durch Belohnung verstärkt. Nachfolgend werden diese Einzelelemente dann schrittweise zusammengesetzt.

Register

Halbfett gesetzte Seitenzahlen verweisen auf Abbildungen.
U bedeutet Umschlagseite.

Auflösung »Sind Sie fit für die Hundehaltung?«

1. Ja: Hunde sind obligat soziale Rudeltiere (→ Frage 12).
2. Nein: Hunde müssen die Beißhemmung lernen (→ Frage 16).
3. Nein. Welpenschutz gilt nur für das Rudel (→ Frage 38).
4. Nein. Sie leben künftig eher unter Menschen (→ Frage 4).
5. Nein. Täglich genug freier Auslauf ist besser (→ Frage 156).
6. Nein. Eher verstärkt dies die Trennungsangst (→ Frage 289).
7. Nein. Man muss die Situation beachten (→ Info, Seite 75).
8. Nein. Hunde wollen stets Neues erkunden (→ Frage 156).
9. Nein. Es kommt auf die Situation an (→ Frage 78).
10. Nein. Oft ist es die letzte Warnung vor dem Biss (→ Frage 40).
11. Nein. Sie wollen den Besitzer beschwichtigen (→ Frage 272).

Adressen

Verbände und Vereine

Fédération Cynologique Internationale (FCI), Place Albert 1er, 13, B-6530 Thuin, www.fci.be

Verband für das Deutsche Hundewesen e. V. (VDH), Westfalendamm 174, D-44141 Dortmund, www.vdh.de

Österreichischer Kynologenverband (ÖKV), Siegfried-Marcus-Str. 7, A-2362 Biedermannsdorf, www.oekv.at

Schweizerische Kynologische Gesellschaft (SKG/SCS), Brunnmattstr. 24, CH-3007 Bern, www.skg.ch

Anschriften von Hundeclubs und -vereinen können Sie bei den vorgenannten Verbänden erfragen.

Gesellschaft für Tierverhaltensmedizin und -therapie (GTVMT), Dr. med. vet. B. Schöning, Saselbergweg 32, D-22395 Hamburg, www.gtvmt.de

Institut für Tierschutz und Verhalten, Tierschutzzentrum, Bünteweg 2, D-30559 Hannover, www.tierschutzzentrum.de

Schweizer Tierschutz (STS), Dornacherstr. 101, CH-4008 Basel, www.tierschutz.com

Dr. Ronald Lindner, Praktischer Tierarzt/Zusatzbezeichnung Tierverhaltenstherapie, Hauptstr. 49, D-0416 Markkleeberg, www.hundepsychiater.de

Institut für Hund-Mensch-Beziehung Sachsen (IHMBS), Hauptstr. 49, D-0416 Markkleeberg, www.ihmbs.de

Deutscher Tierschutzbund e. V., Baumschulallee 15, D-53113 Bonn, www.tierschutzbund.de

Internetadressen

www.hunde.com
www.hundezeitung.de (Infos rund um den Hund)
www.aktiv-mit-hund.de (Infos rund um die Erziehung des Hunds)
www.spass-mit-hund.de (Tipps und Infos zur Beschäftigung mit Hunden)
www.tiermedizin.de (Infos zu tiermedizinischen Fragen)
www.haushueter.org (Urlaubsbetreuung)
www.hunde-helfen-kids.de (Hunde helfen Menschen e. V.)
www.hund.ch (Hundeseiten Schweiz)
www.hunde.at (Hundeseiten Österreich)

Hunde-Haftpflichtversicherung

Fast alle Versicherungen bieten auch Haftpflichtversicherungen für Hunde an.

Krankenversicherung

Uelzener Versicherungen
Postfach 2163, D-29511 Uelzen, www.uelzener.de

Puntobiz GmbH, Immendorfer Str. 1, D-50354 Hürth, www.tierversicherung.biz

Registrierung von Hunden

TASSO e. V., Abt. Haustierzentralregister, D-65784 Hattersheim, Tel.: 06190/937300, www.tasso.net

Deutsches Haustierregister, Deutscher Tierschutzbund e. V., Baumschulallee 15, D-53113 Bonn, www.deutsches-haustierregister.de

Fragen zur Haltung beantworten

Ihr Zoofachhändler und der Zentralverband Zoologischer Fachbetriebe Deutschlands e. V. (ZZF).
Tel. 0611/44755332 (nur telefonische Auskunft möglich: Mo 12–16 Uhr, Do 8–12 Uhr), www.zzf.de

Bücher

Abrantes, R. und Schöning, B.: **Hundeverhalten von A – Z: Mimik und Körpersprache, Verhalten und Verständigung, Lautäußerungen und Kommunikation.** Franckh-Kosmos Verlag

Birmelin, I.: **Schlauer Hund. So fördern Sie, was in ihm steckt.** Gräfe und Unzer Verlag

Feddersen-Petersen, D.: **Hunde und ihre Menschen.** Franckh-Kosmos Verlag

Hegewald-Kawich, H.: **Hunderassen von A bis Z.** Gräfe und Unzer Verlag

Jones, R.: **Aggressionsverhalten bei Hunden.** Franckh-Kosmos Verlag

Lindner, R.: **Was Hunde wirklich wollen.** Gräfe und Unzer Verlag

Ludwig, G.: **Mit dem Hund spielen und trainieren.** Gräfe und Unzer Verlag

Mack, A./Wolf, K.: **Mein Hund hat Angst.** Gräfe und Unzer Verlag

Schlegl-Kofler, K.: **Praxishandbuch Hunde-Erziehung.** Gräfe und Unzer Verlag

Schlegl-Kofler, K.: **Hunde Erziehungs-Box.** Gräfe und Unzer Verlag

Schlegl-Kofler, K: **Hunde-Erziehung.** Gräfe und Unzer Verlag

Schlegl-Kofler, K.: **Hundesprache richtig deuten & verstehen.** Gräfe und Unzer Verlag

Titelbild: Aufmerksamer Blick – motiviert für neue Aufgaben. **Rückseite**: Im schnellen Lauf mit dem Bringsel im Maul (oben). Die Vorderkörpertiefstellung sagt alles: »Spiel mit mir.« (Mitte). Schnauzenstoßend betteln die Welpen ihre Mutter um Futter an (unten).

Die Fotografen

Arco-Images/De Meester: 116; **Arco-Images/NPL/Burton:** 21, 191; **Arco-Images/Wegner:** 75, 83, 127-2, 127-3, 144, 157; **Bildagentur Geduldig/Menden:** 175-1; **biosphoto:** 175-3; **Oliver Giel:** 3, 6, 8, 10, 12, 13, 41, 56, 85, 115, 124, 127-1, 147, 158, 175-2, 186, 228, 248; **Juniors-Bildarchiv:** 105; **Juniors/Artlist:** 171; **Juniors/biosphoto/Labat & Rouquette:** 243; **Juniors/Danegger:** U4-1; **Juniors/Giel:** U4-2; **Juniors/Goetz:** 180; **Juniors/Gorski:** 172; **Juniors/Joswig:** 35, 174-3; **Juniors/Lindert-Rottke:** 42; **Juniors/Photovalley:** 211; **Juniors/Schanz:** 62-3; **Juniors/Slawik:** 130; **Juniors/Steimer:** 31; **Juniors/Wegler:** 4, 28, 50, 67-3, 131, 236; **Juniors/Zeitz:** 63-3; **Angela Kraft:** 54-1, 62-1, 62-2, 67-1, 67-2, 165, 174-2, 188, 208, 214; **Regina Kuhn:** 141; **Schanz-fotodesign.de:** U4-3; **Christine Steimer:** U2, 24, 43, 54-2, 63-2, 101, 108, 117, 151, 164, 174-1, 181, 184, 205, 216, 247; **Tierfotoagentur.de/Rohlf:** 100; **Monika Wegler:** 60, 63-1, 93, 176, 179, 213; **Jana Weichelt:** U1.

GRÄFE UND UNZER

Ein Unternehmen der
GANSKE VERLAGSGRUPPE

Projektleitung: Nadja Harzdorf
Lektorat: Angelika Lang
Bildredaktion: Waltraud Flöter, Petra Ender (Cover)
Umschlaggestaltung und Layout: Cordula Schaaf
Herstellung: Susanne Mühldorfer
Satz: Cordula Schaaf
Reproduktion: Longo AG, Bozen
Druck: aprinta, Wemding
Buchbinderei: Auer, Donauwörth

Printed in Germany

ISBN 978-3-8338-2181-3

1. Auflage 2011

Umwelthinweis: Dieses Buch ist auf PEFC-zertifiziertem Papier aus nachhaltiger Waldwirtschaft gedruckt. Um Rohstoffe zu sparen, haben wir auf Folienverpackung verzichtet.